21世纪我国冬季极端强降温动态演变及诊断

高辉　丁婷　李想　著

内 容 简 介

强降温及相伴的大风、雨雪和冻害天气属于我国冬季最主要的气象灾害。近年来强降温事件频频发生，给生产生活造成严重影响。本书参考多种强降温国家标准、行业标准和中国气象局业务监测规范，综合选取了21世纪前20年共33个极端强降温事件，给出了每一个事件过程最大降温、过程累计降水、单日降温大风等多种要素和影响强降温的对流层各层大气环流的动态演变。

本书可为气象、农业、水文、民政等科研业务部门提供参考，亦可提高社会公众对极端强降温事件的认知。

图书在版编目（CIP）数据

21世纪我国冬季极端强降温动态演变及诊断 / 高辉，丁婷，李想著. -- 北京 : 气象出版社，2022.6
ISBN 978-7-5029-7734-4

Ⅰ. ①2… Ⅱ. ①高… ②丁… ③李… Ⅲ. ①冷害—气象灾害—研究—中国—21世纪 Ⅳ. ①P429

中国版本图书馆CIP数据核字(2022)第097849号

审图号:GS 京(2022)0212 号

21 世纪我国冬季极端强降温动态演变及诊断

21 Shiji Woguo Dongji Jiduan Qiangjiangwen Dongtai Yanbian ji Zhenduan

---

出版发行：气象出版社
地　　址：北京市海淀区中关村南大街46号　　**邮政编码**：100081
电　　话：010-68407112(总编室)　010-68408042(发行部)
网　　址：http://www.qxcbs.com　　**E-mail**：qxcbs@cma.gov.cn
责任编辑：王萃萃　　**终　　审**：吴晓鹏
责任校对：张硕杰　　**责任技编**：赵相宁
封面设计：艺点设计
印　　刷：北京建宏印刷有限公司
开　　本：787 mm×1092 mm　1/16　　**印　　张**：8.75
字　　数：218千字
版　　次：2022年6月第1版　　**印　　次**：2022年6月第1次印刷
定　　价：90.00元

前 言

强降温(寒潮)及其引发的大范围大风、雨雪及冻害天气是北半球冬季最主要的气象灾害之一。在我国,极端强降温可影响到工业生产、农业种植、交通运输及能源供应等诸多行业,并对日常生活造成很大不便。前人研究表明,影响我国极端强降温的冷空气源地主要有三处,分别来自新地岛以西、新地岛以东和冰岛以南的洋面。这三个源地的冷空气一般都要经过西伯利亚西部和中部的关键区(43°—65°N,70°—90°E)并积聚加强,向南爆发后通过多条路径侵袭我国不同地区。

极端强降温主要发生在冬半年时段。近20年来,受北极增暖的影响,欧亚中高纬度陆地强降温频频发生。仅以2021年我国为例,在1月1日、1月6—8日、11月6—9日、12月16—19日及12月23—26日均分别发生了全国型寒潮等级的强降温事件(国家气候中心业务监测),并造成了不同程度的经济损失。根据2004—2015年间的统计(郑国光 等,2019),与强降温密切相连的低温冻害造成的经济损失占整个气象灾害损失的10%,仅次于暴雨洪涝、干旱、台风和风雹。

《21世纪我国冬季极端强降温动态演变及诊断》由国家气候中心和省级气候中心的多位业务和科研人员共同整理、绘制和统计,在国家重点研发计划“气候变暖背景下极端强降温形成机理和预测方法研究”(2018YFC1505600)和国家自然科学基金“华北平原冬季暖潮事件机理和次季节预测技术研究”(NSFC42175048)共同资助下完成。本书在国家标准《冷空气等级》(GB/T 20484—2017)、《寒潮等级》(GB/T 21987—2017)和气象行业标准《冷空气过程监测指标》(QX/T 393—2017)基础上,同时参考国家气象中心和国家气候中心实时业务监测结果,并结合典型个例的学术研究成果,综合归纳选取了21世纪前20年共33个极端强降温个例。对每一个个例绘制了过程最大降温幅度、单日降温幅度、单日大风分布、过程雨(雪)量及主要影响环流等动态演变并给出初步诊断。所得结果可为气象、农业、水文、民政等业务部门开展极端强降温事件的监测影响及相关科研、院校单位开展强降温研究提供基础资料。对每一个个例，本书亦提供了能收集获取到的灾害影响评估信息，这些信息可为进一步提高社会公众对极端事件的科学认识、提高强降温防灾减灾能力提供参考。

本书在编制过程中得到多位专家的指导和帮助。吉林省气候中心徐士琦参与书中大气环流部分的绘制。在此衷心感谢参与编制和审阅的专家和同事们。同时也真诚地期望得到各界读者的惠正，书中的不足和疏漏之处，欢迎广大读者批评指正。

作者

2022年1月

目　　录

极端强降温定义和事件选取

一、极端强降温现有国家标准和气象行业标准

极端强降温(或寒潮)已有多个专门的国家标准和气象行业标准。国家标准《冷空气等级》(GB/T 20484—2017)(全国气象防灾减灾标准化技术委员会,2017a)中将降温划分为弱冷空气、较强冷空气、强冷空气和寒潮四个等级。其中,强冷空气规定为"日最低气温 48 h 内降温幅度大于或等于 8 ℃,且使该地日最低气温下降到 8 ℃或以下"。寒潮则定义为"日最低气温 24 h 内降温幅度大于或等于 8 ℃,或48 h 内降温幅度大于或等于 10 ℃,或 72 h 内降温幅度大于或等于 12 ℃,而且使该地日最低气温下降到 4 ℃或以下。48 h、72 h 内降温的日最低气温应连续下降"。气象行业标准《冷空气过程监测指标》(QX/T 393—2017)(全国气候与气候变化标准化技术委员会,2017a)规定强冷空气为"单站 48 h 降温超过 8 ℃",而寒潮为"单站 24 h 降温超过 8 ℃或 48 h 降温超过 10 ℃或 72 h 降温超过 12 ℃,且最低气温小于 4 ℃,其中 48 h 和 72 h 最低气温必须连续下降"。魏荣庆等在国家标准《寒潮等级》(GB/T 21987—2017)(全国气象防灾减灾标准化技术委员会,2017b)中将寒潮进一步划分为三级,即寒潮是"使某地的日最低气温 24 h 内降温幅度≥8 ℃,或 48 h 内降温幅度≥10 ℃,或 72 h 内降温幅度≥12 ℃,而且使该地日最低气温≤4 ℃的冷空气活动"。强寒潮是"使某地的日最低气温 24 h 内降温幅度≥10 ℃,或 48 h 内降温幅度≥12 ℃,或 72 h 内降温幅度≥14 ℃,而且使该地日最低气温≤2 ℃的冷空气活动"。超强寒潮是"使某地的日最低气温 24 h 内降温幅度≥12 ℃,或 48 h 内降温幅度≥14 ℃,或 72 h 内降温幅度≥16 ℃,而且使该地日最低气温≤0 ℃的冷空气活动"。

从上述三个标准看,对于寒潮等级的极端强降温均要求最低气温低于 4 ℃,但由于冬季气温存在很大的地域差异,一次强降温过程中冬季最低气温阈值标准在北方往往很容易实现,但在南方地区尤其是降温前气温较高时,最低气温低于4 ℃这一标准并不容易实现。同时,我国幅员辽阔,再加上强降温基本为自北向南侵袭,采用统一的降温幅度作为阈值往往导致北方地区频次明显多于南方地区,尤其是黄河中下游至长江之间存在一个明显的低值区,这和强降温往往能侵袭到该地区又不相符。图 1.1.1 给出了 1981—2020 年时段冬季我国日降温强度排序第 5%阈值及日降温在 8 ℃以上的年频次分布(Ding et al.,2020),可以看出,如果只采用 8 ℃作为全国统一标准,则强降温发生的区域较为有限。因此,关于我国寒潮的部分标准,尤其是区域性标准亦考虑百分位阈值,如国家标准《极端低温和降温监测指标》(GB/T 34293—2017)(全国气候与气候变化标准化技术委员会,2017b)以百分位确定日降温和连续降温极端阈值。

二、极端强降温个例选取依据

如前所述,现阶段强冷空气和寒潮指标在不同的业务部门和不同的国家、行业标准中仍有一定差异,尤其是阈值选取上。这种阈值差异给每一次强降温过程的开始和结束时间判定带

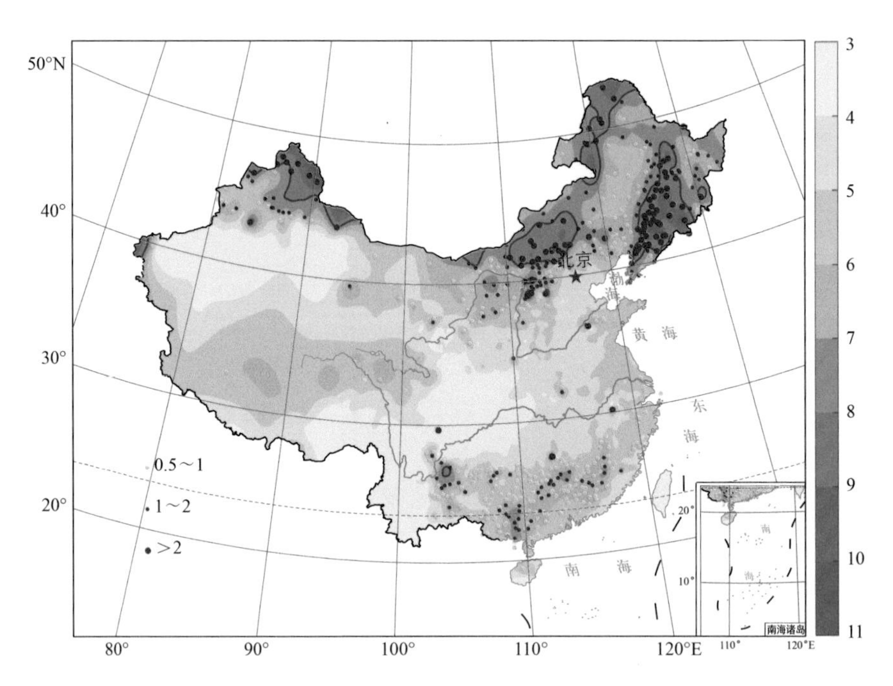

图 1.1.1 1981—2020 年时段冬季我国日降温幅度由高至低排列第 5%阈值(涂色)及日降温幅度在 8 ℃以上的年均频次(点)分布(Ding et al.,2020)

来了困难。相比之下,强降温侵袭我国最强日期(即一次强降温最强盛时期)判定的分歧较小。本书选择极端强降温个例时主要采用百分位阈值判据,即选取一次极端强降温过程全国有 20%的测站单日降温幅度达到 5%阈值,在此基础上对其开始、结束时间还参考两个依据:1)国家气候中心冷空气业务监测结果及每月气候影响评价(https://cmdp.ncc-cma.net/influ/moni_china.php);2)《气象》杂志的每月大气环流和天气分析。

本书给出了每个极端强降温个例的过程平均环流场以供参考。结合国家气候中心业务实际,海平面气压场上用 1030 hPa 和 1000 hPa 等值线表征西伯利亚高压和阿留申低压,200 hPa 纬向风场上用 50 m/s 和 60 m/s 分别表征副热带西风急流及急流核位置。

三、资料来源

本书所用资料包括:1)2001—2020 年中国大陆地区 2000 多个地面气象观测站逐日平均气温、最低气温、大风(仅给出风速)、降水等资料均源自中国气象局国家气象信息中心;2)大气环流资料为 NCEP/NCAR 逐日再分析资料集中的850 hPa水平风场、500 hPa 位势高度场、200 hPa 纬向风场和海平面气压场;3)部分强降温灾害影响评估源自国家气候中心每月气候影响评价。

若非特别说明,本书中某年冬季均指前一年 12 月至该年 2 月,如 2020 年冬季为 2019 年12 月 1 日至 2020 年 2 月 29 日。

极端强降温个例

事件 1　2001 年 1 月 6—10 日极端强降温过程

2001 年 1 月，全国平均气温为－4.95 ℃，较常年同期(本书使用 1991—2020 年气候平均值，下同)低 0.13 ℃，但气温分布空间差异显著。月平均气温距平低于－2 ℃的地区主要位于内蒙古东部和东北地区，其中内蒙古东部、黑龙江南部、吉林和辽宁等地偏低 4 ℃以上(图略)。

1 月 6—10 日的强降温事件造成新疆北部、内蒙古中部和东部、东北大部过程最大降温在 12 ℃以上(图 2.1.1，本书若不特别说明均指最低气温)，新疆北部和内蒙古东部的部分地区过程最大降温超过 24 ℃以上。新疆青河站过程最大降温达 29.7 ℃，为本次过程全国之最。单日最大降温也发生在新疆北部，额敏站 1 月 6 日日降温为 19.5 ℃。本次强降温过程使新疆北部、西北地区东部及淮河以北大部地区出现了 4～6 级偏北风(图 2.1.2)。江南北部至华北南部的降水量有 10～25 mm，其中长江中下游沿江有 50 mm 以上的强降水天气(图 2.1.3)。

从环流看，本次过程西伯利亚高压北界异常偏北，1030 hPa 等值线北界位于 75°N 以北。1 月 7 日，高压强度突增至 1040 hPa 以上(标准化值约 1.77)。500 hPa 上，贝加尔湖以西地区为一低涡伴有横槽，中心距平值低于－200 gpm。该横槽 1 月 7 日转竖并东移，引导极地冷空气长驱南下影响我国。200 hPa 西风急流位置偏西(图 2.1.4、图 2.1.5)。

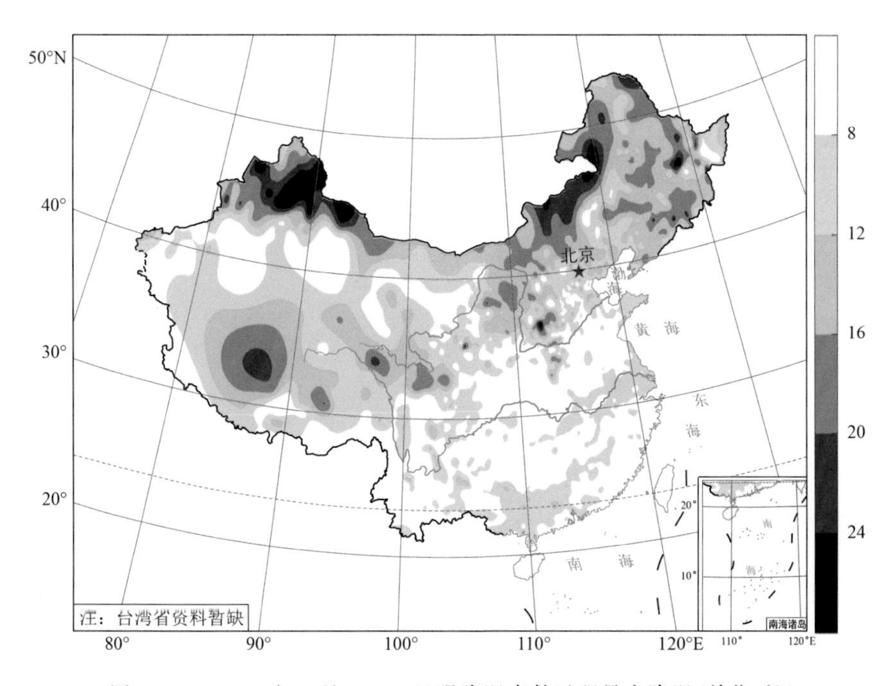

图 2.1.1　2001 年 1 月 6—10 日强降温事件过程最大降温(单位：℃)

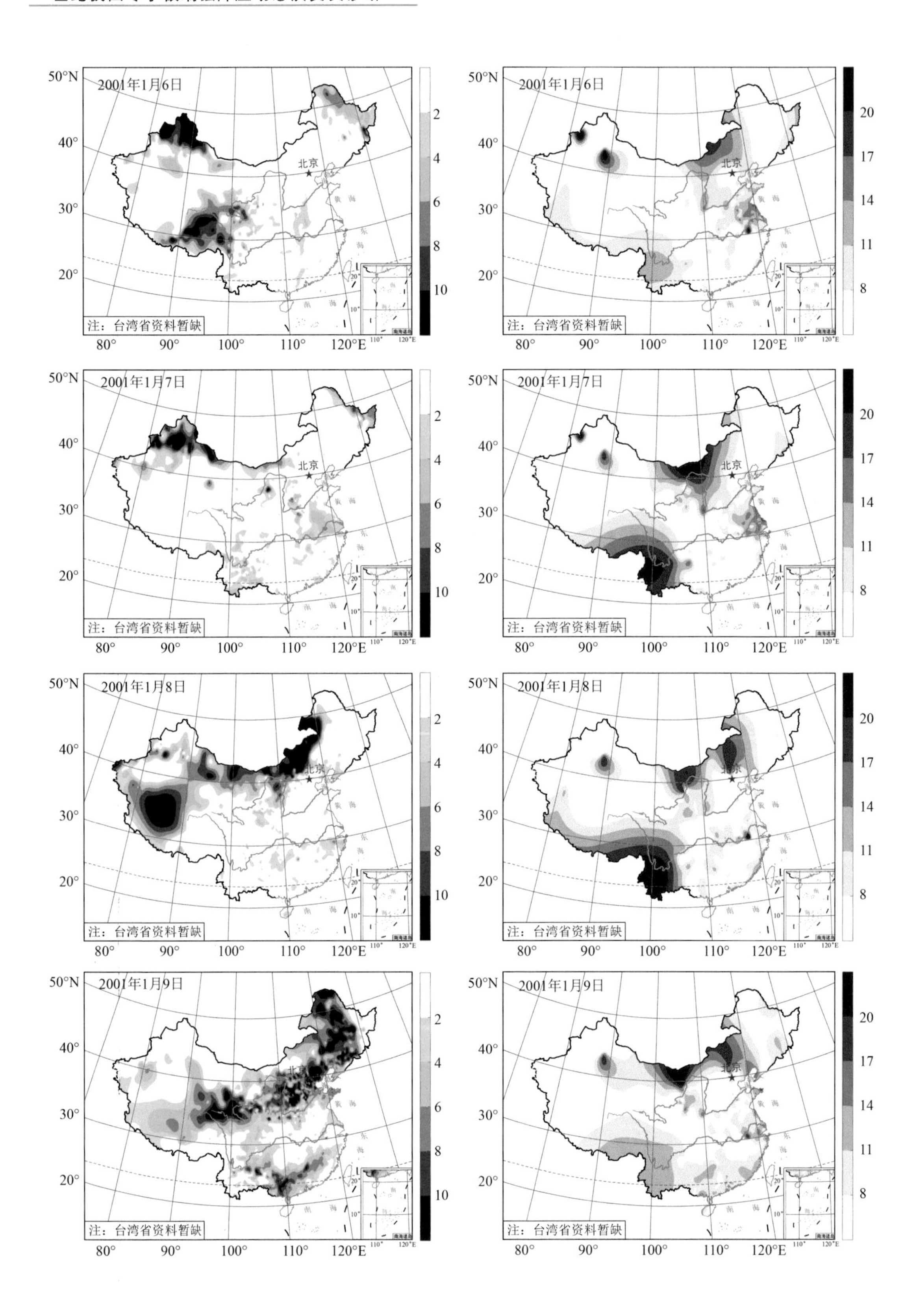

2001年1月6日
2001年1月7日
2001年1月8日
2001年1月9日
北京
注：台湾省资料暂缺
50°N
40°
30°
20°
80°
90°
100°
110°
120°E
2
4
6
8
10
20
17
14
11
8

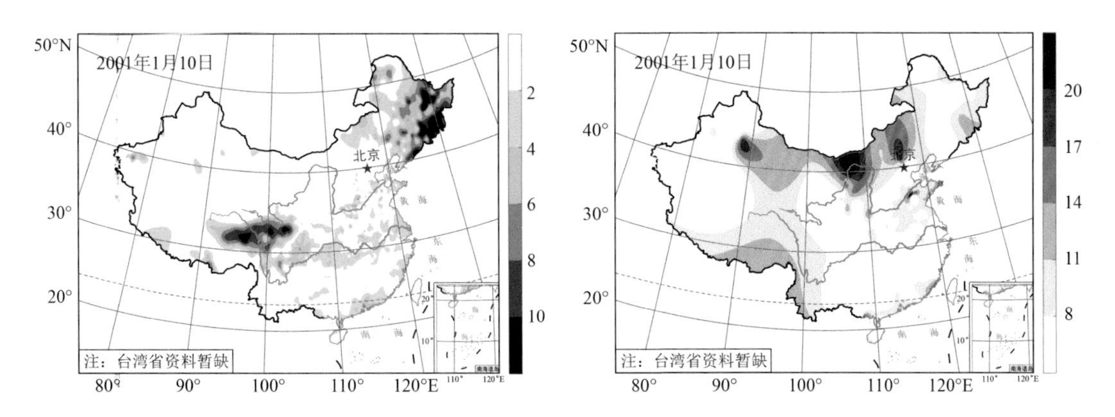

图 2.1.2　2001 年 1 月 6—10 日强降温事件逐日降温(左列，单位：℃)和极大风速(右列，单位：m/s)

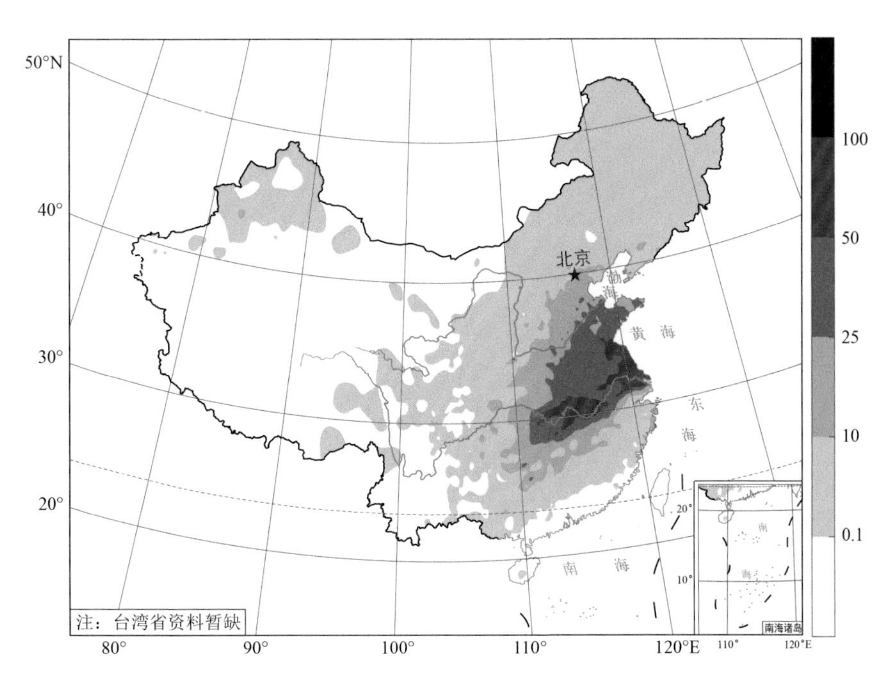

图 2.1.3　2001 年 1 月 6—10 日强降温事件过程累计降水量(单位：mm)

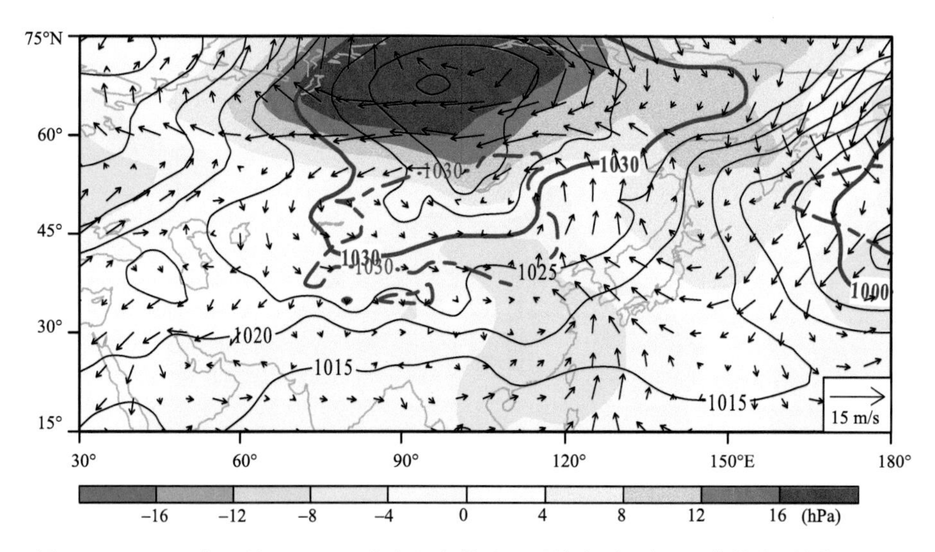

图 2.1.4 2001 年 1 月 6—10 日强降温事件过程平均海平面气压(等值线,单位:hPa)和距平(阴影,单位:hPa)及 850 hPa 水平风场距平(箭头,单位:m/s)。图中粗等值线分别对应 1000 hPa 和 1030 hPa 海平面气压值。实线为本次过程,虚线为气候态

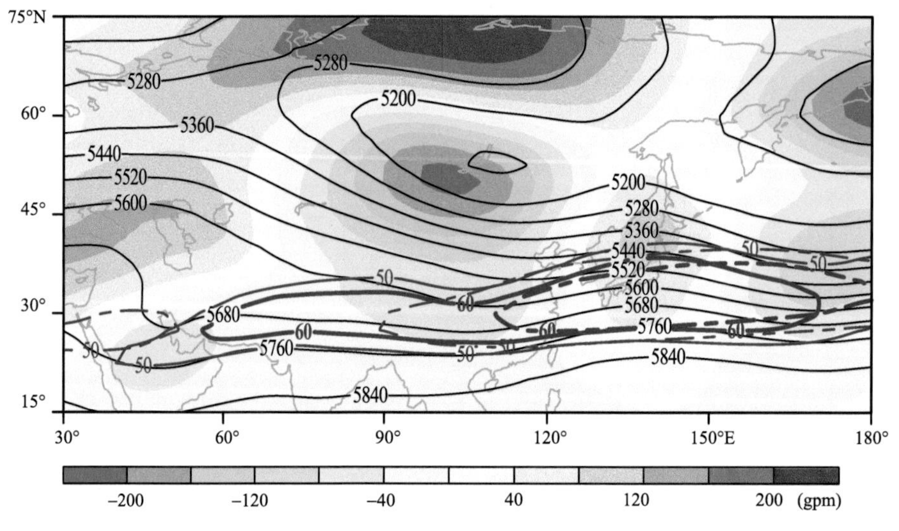

图 2.1.5 2001 年 1 月 6—10 日强降温事件过程平均 500 hPa 位势高度(黑色细等值线,单位:gpm)和位势高度距平(阴影,单位:gpm)及 200 hPa 纬向风速(蓝色粗等值线,仅给出 50 m/s 和 60 m/s 纬向风速)。实线为本次过程,虚线为气候态

事件 2　2001 年 2 月 22—25 日极端强降温过程

2001 年 2 月，全国平均气温为－1.34 ℃，较常年同期低 0.08 ℃，东北地区大部和内蒙古东部月平均气温距平小于－2 ℃，其中内蒙古东北部、黑龙江西部、吉林大部偏低 4 ℃以上（图略）。

2 月 22—25 日，东北、内蒙古大部、西北地区东部至华北西部、江淮、江南、华南北部等地气温下降 8～12 ℃，其中东北地区东部下降 16 ℃以上。山西朔州过程最大降温达 24.5 ℃，为本次过程全国之最（图 2.2.1）。单日最大降温也发生在该站，2 月 24 日降幅为 20.8 ℃。我国东部和南部海区先后出现了 6～8 级大风（图 2.2.2）。本次强降温过程使华北中南部、黄淮北部、青藏高原东部和西北地区东部出现了小到中雪，部分地区出现了大雪；黄淮、江淮、江南的降水量一般有 5～30 mm，华南和云南、贵州的部分地区降水量有 20～60mm，部分地区出现了暴雨（图 2.2.3）。

从环流看，本次过程西伯利亚高压明显偏弱，1030 hPa 等值线在图上难以体现，但阿留申低压异常强大，西段负距平超过－16 hPa，从而加大了海陆气压差，有利于北风南下。500 hPa 在贝加尔湖以西有一个较强的高压脊，也有利于极地冷空气南下。200 hPa 西风急流分裂为两个中心，其中西侧明显偏强，东侧急流中心位置偏北（图 2.2.4 和图 2.2.5）。

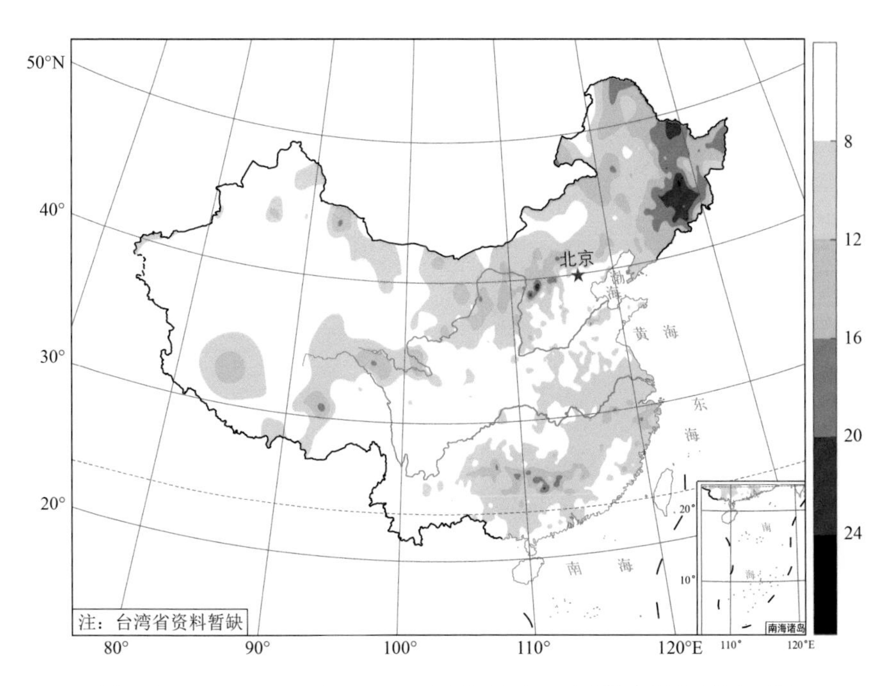

图 2.2.1　2001 年 2 月 22—25 日强降温事件过程最大降温（单位：℃）

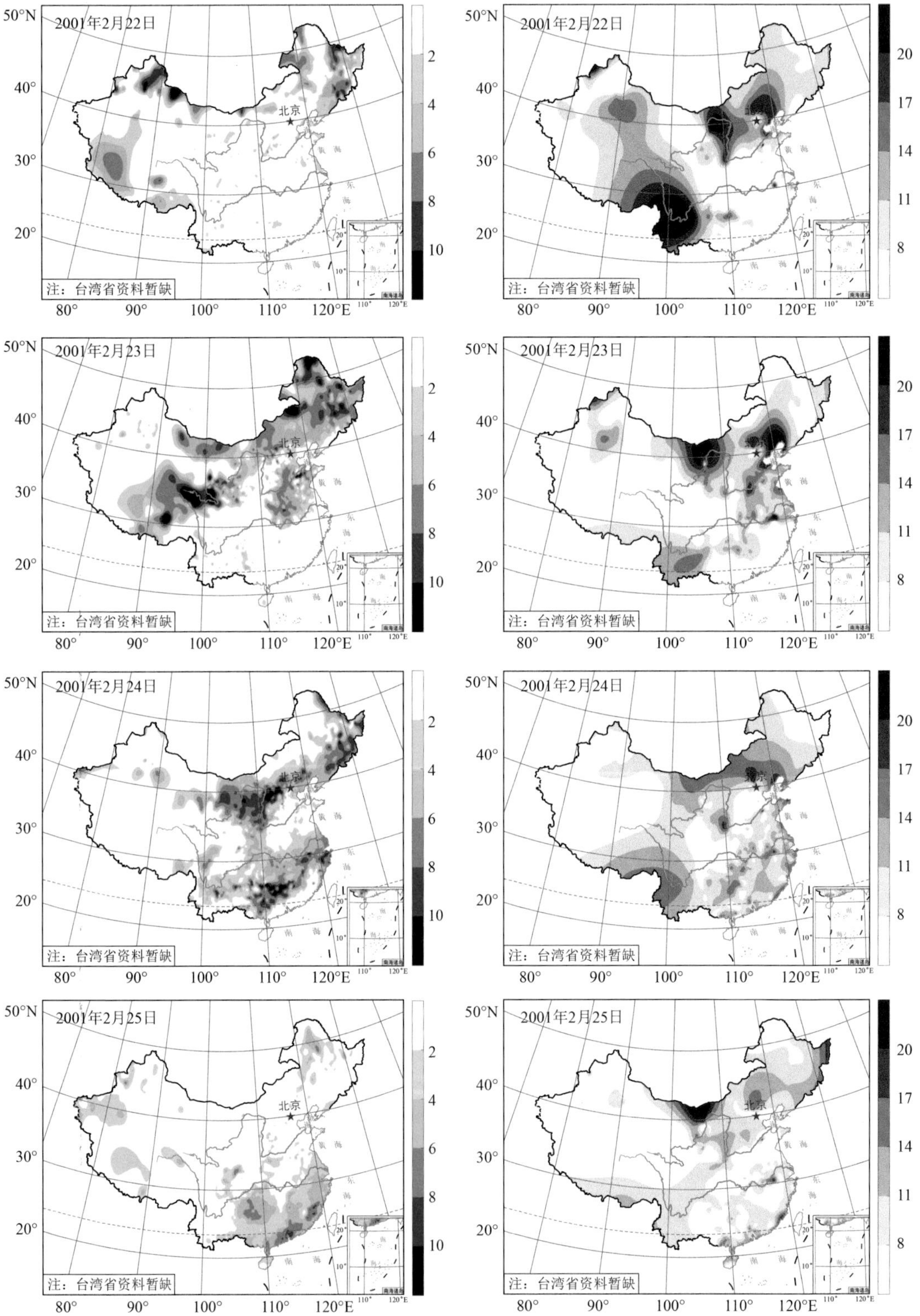

图 2.2.2 2001年2月22—25日强降温事件逐日降温(左列,单位:℃)和极大风速(右列,单位:m/s)

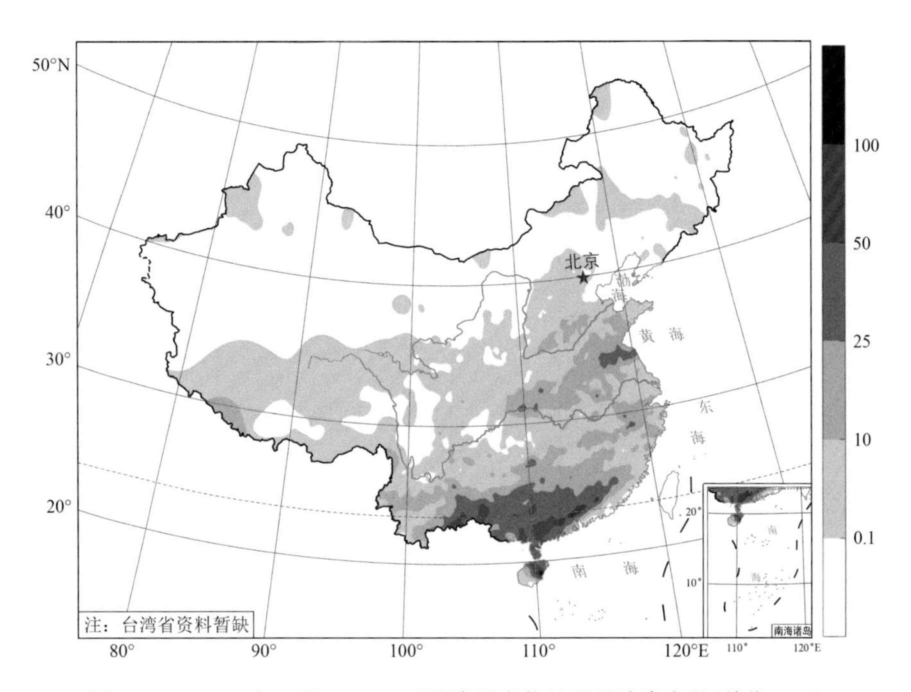

图2.2.3　2001年2月22—25日强降温事件过程累计降水量(单位:mm)

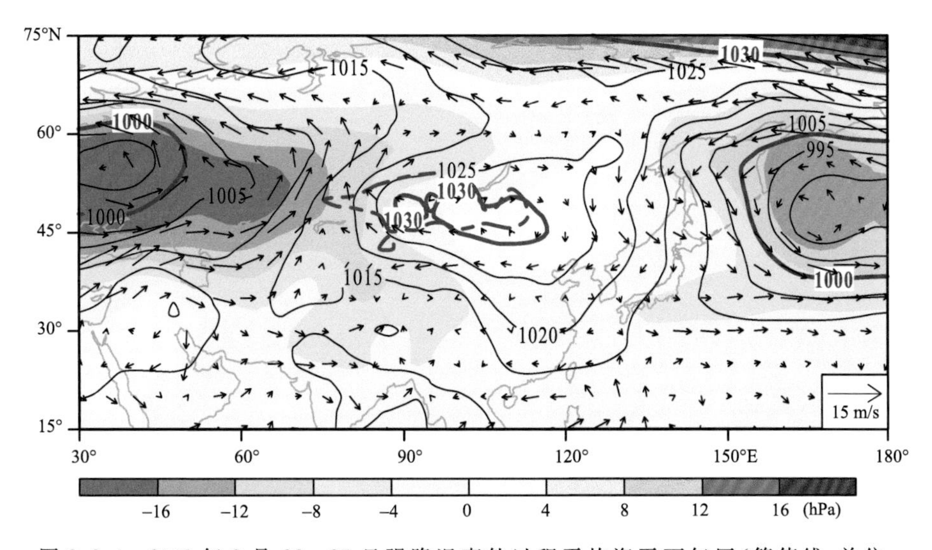

图2.2.4　2001年2月22—25日强降温事件过程平均海平面气压(等值线,单位:hPa)和距平(阴影,单位:hPa)及850 hPa水平风场距平(箭头,单位:m/s)。图中粗等值线分别对应1000 hPa和1030 hPa海平面气压值。实线为本次过程,虚线为气候态

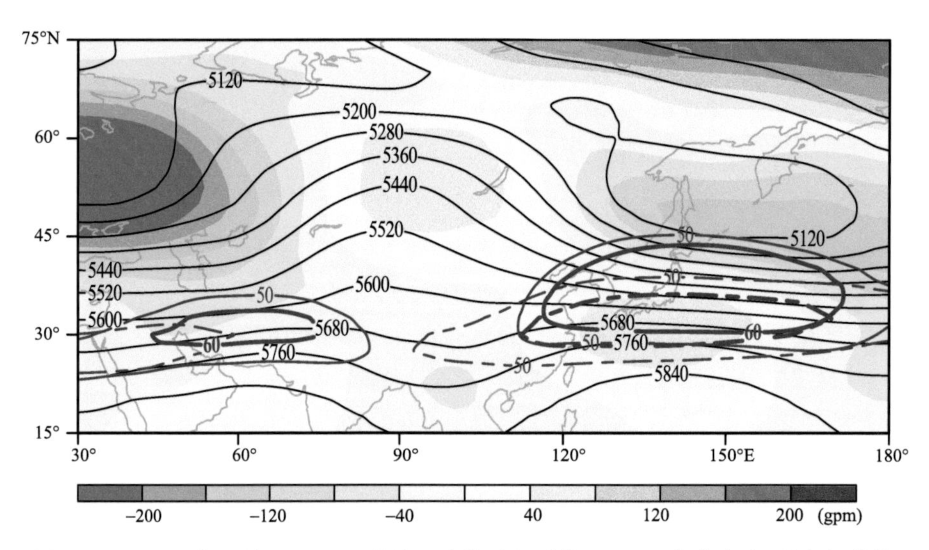

图 2.2.5　2001 年 2 月 22—25 日强降温事件过程平均 500 hPa 位势高度(黑色细等值线，单位：gpm)和位势高度距平(阴影，单位：gpm)及 200 hPa 纬向风速(蓝色粗等值线，仅给出 50 m/s 和 60 m/s 纬向风速)。实线为本次过程，虚线为气候态

事件 3　2002 年 1 月 14—19 日极端强降温过程

2002 年 1 月，全国平均气温为－3.19 ℃，较常年同期高 1.63 ℃。空间分布上，全国大部分地区气温偏暖 2－4 ℃，但西藏西部气温负距平小于－2 ℃（图略）。

由于前期气温持续偏暖，1 月 14—19 日的寒潮过程造成黄河以北、黄淮东部、江淮及江南等地普遍降温 8 ℃以上，其中新疆西部、东北东部、内蒙古东部和长江下游及江南北部降温 12～16 ℃。过程最大降温超过 25 ℃ 的测站主要位于新疆（4 站）和内蒙古（1 站），其中新疆福海过程最大降温达 30.7 ℃，为本次过程全国之最（图 2.3.1）。单日最大降温发生在新疆奇台，1 月 14 日降幅为 16.9 ℃（图 2.3.2）。本次强降温过程和暖湿气流共同造成我国大部分地区出现明显的雨雪天气，其中新疆南部、吉林东部、山东南部的部分地区出现了大雪，长江中下游沿江及江南东部和北部出现中到大雨（张明，2002）。江苏南部、安徽南部、湖北东部、湖南北部、江西北部、浙江大部、福建大部的降水量都在 10 mm 以上，皖赣浙交界区达 50～100 mm（图 2.3.3）。

从环流看，本次过程西伯利亚高压强度明显偏弱。国家气候中心监测表明，1 月 14—19 日西伯利亚高压强度均不超过 1030 hPa，其中 17 日标准化值低至－1.37。阿留申低压强度也接近正常。但亚洲北部为一宽广的槽区，新地岛附近极涡极强，中心距平值低于－200 gpm，从而不断分裂冷空气南下，一方面造成我国大范围降温，另一方面与中低纬度活跃的暖湿气流汇合，造成明显的雨雪天气（图 2.3.4 和图 2.3.5）。

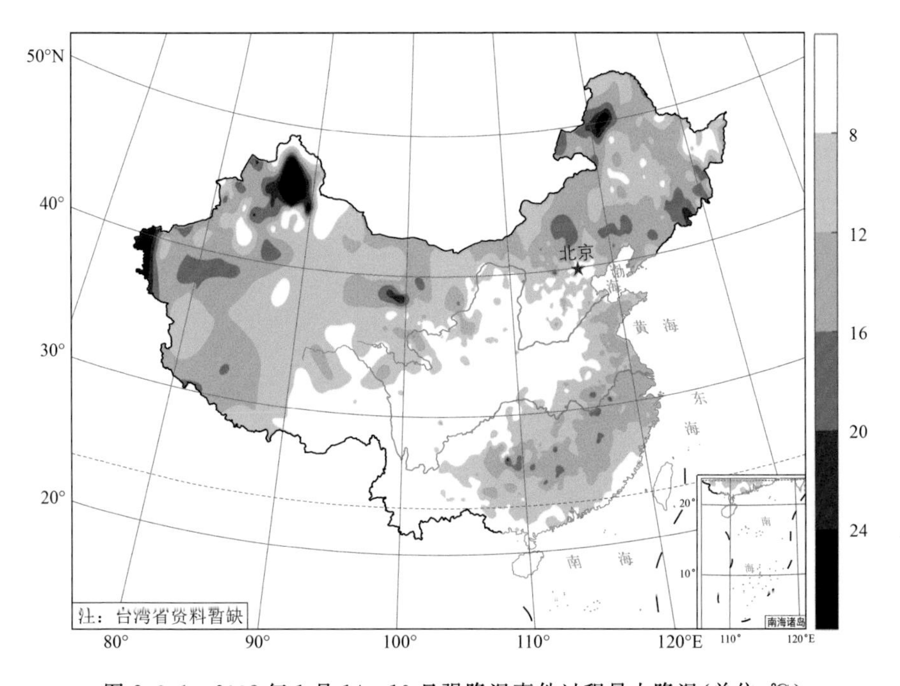

图 2.3.1　2002 年 1 月 14—19 日强降温事件过程最大降温（单位：℃）

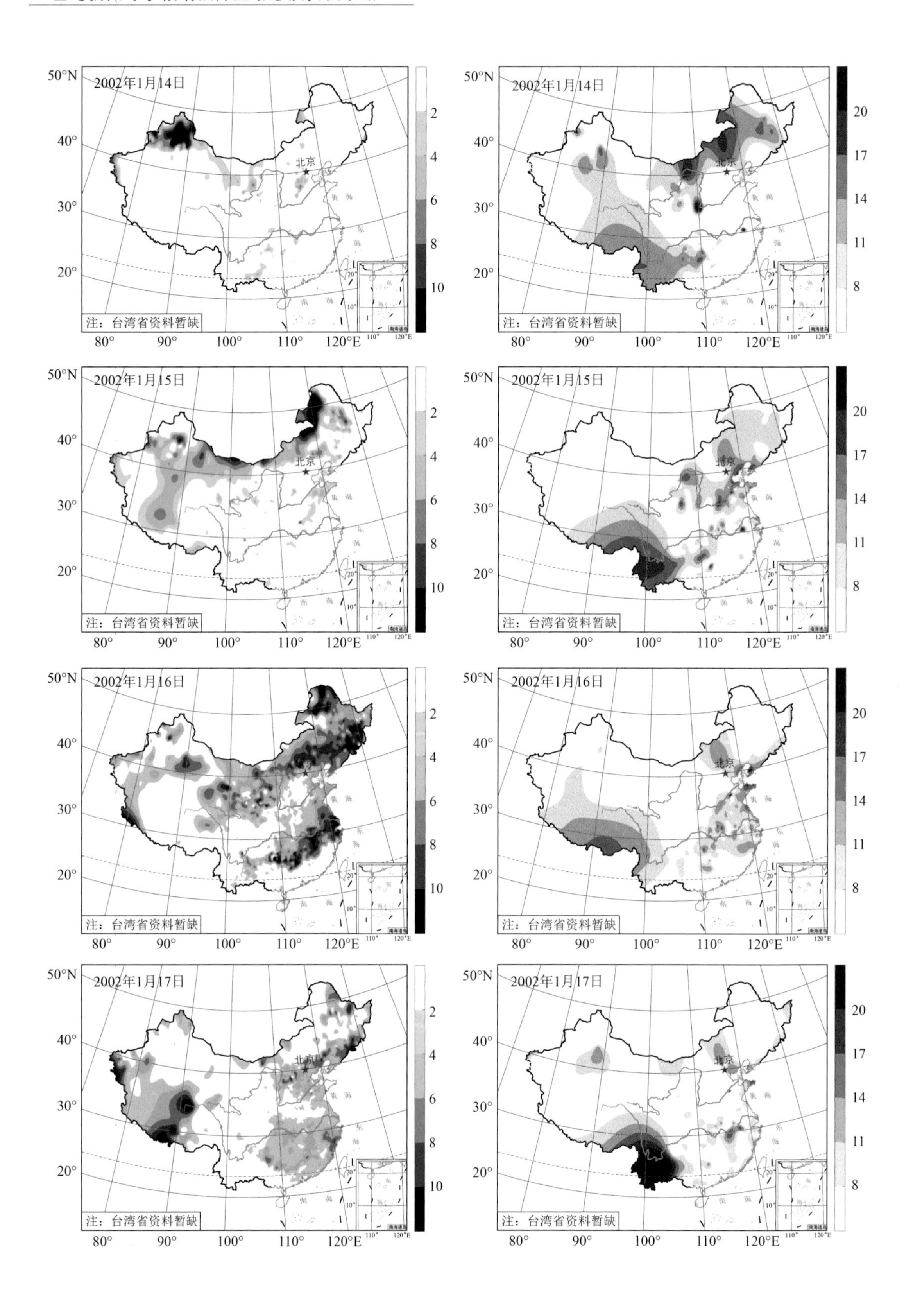

2002年1月14日
2002年1月15日
2002年1月16日
2002年1月17日
北京
注：台湾省资料暂缺
50°N
40°
30°
20°
80°
90°
100°
110°
120°E
2
4
6
8
10
20
17
14
11
8

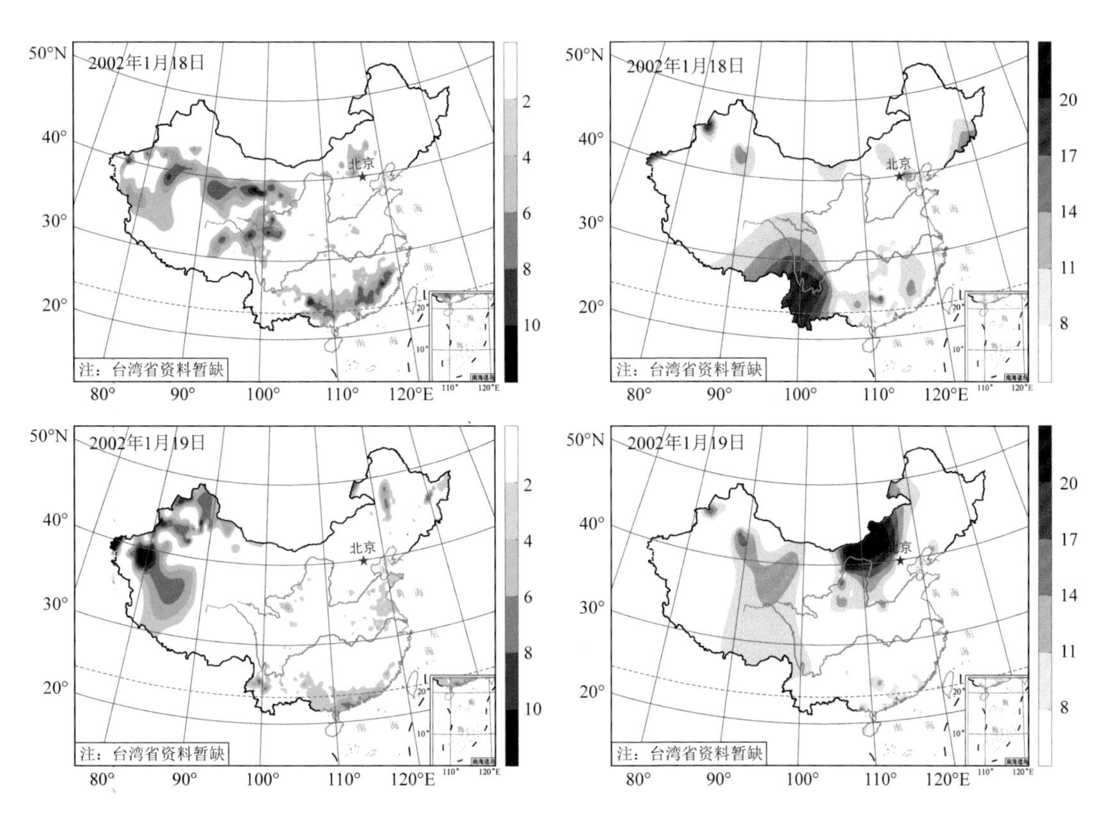

图 2.3.2　2002 年 1 月 14—19 日强降温事件逐日降温(左列，单位：℃)和极大风速(右列，单位：m/s)

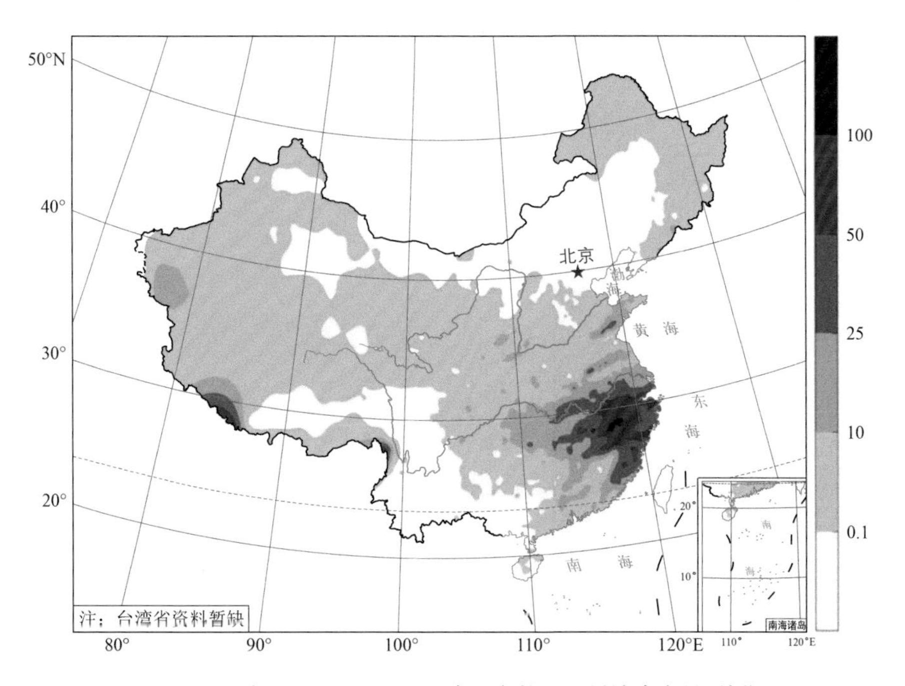

图 2.3.3　2002 年 1 月 14—19 日强降温事件过程累计降水量(单位：mm)

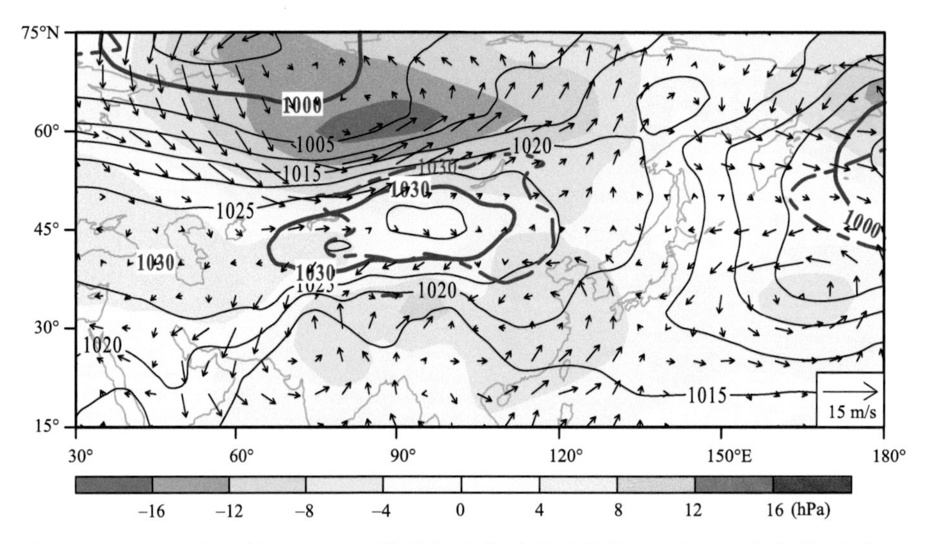

图 2.3.4 2002年1月14—19日强降温事件过程平均海平面气压(等值线,单位:hPa)和距平(阴影,单位:hPa)及850 hPa水平风场距平(箭头,单位:m/s)。图中粗等值线分别对应1000 hPa和1030 hPa海平面气压值。实线为本次过程,虚线为气候态

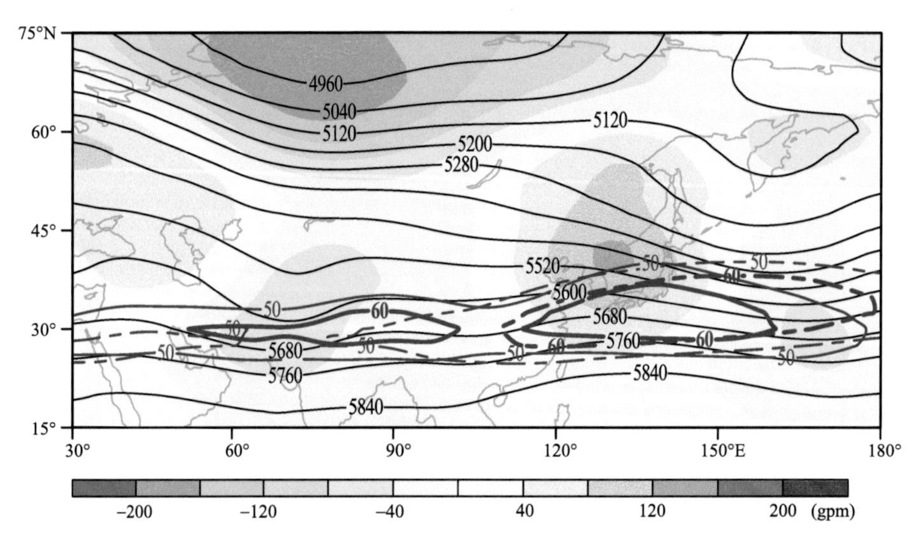

图 2.3.5 2002年1月14—19日强降温事件过程平均500 hPa位势高度(黑色细等值线,单位:gpm)和位势高度距平(阴影,单位:gpm)及200 hPa纬向风速(蓝色粗等值线,仅给出50 m/s和60 m/s纬向风速)。实线为本次过程,虚线为气候态

事件 4　2002 年 12 月 3—8 日极端强降温过程

2002 年 12 月，全国平均气温为－3.65 ℃，较常年同期低 0.67 ℃，其中内蒙古西部和东北部、新疆东北部偏低 2～4 ℃(图略)。

本次强降温过程为全国型寒潮。强降温造成除西南地区外的全国大部分地区降温幅度均在 8～12 ℃。内蒙古东部和东北大部降温达 16～20 ℃，部分地区超过 24 ℃。本次过程共有 19 个测站最大降温幅度超过 25 ℃，其中黑龙江乌伊岭过程最大降温达 34.7 ℃，为本次过程全国之最(图 2.4.1)。单日最大降温发生在内蒙古阿尔山，12 月 4 日降幅为 18.9 ℃(图 2.4.2)。本次过程造成我国北方地区出现了较明显的降雪天气过程，江西东部、浙江北部、上海和江苏南部过程雨量超过 50 mm(图 2.4.3)。

从环流看，本次过程西伯利亚高压强度明显偏强，1030 hPa 等值线南界和气候态位置接近，但北界异常偏北，位于 75°N 以北的极区。监测表明，12 月 4—8 日西伯利亚高压强度均超过 1030 hPa，其中 6 日、7 日两日分别为 1044 hPa 和 1043 hPa，标准化值均超过 2。阿留申低压强度也明显偏强。同时贝加尔湖以北为一深厚低涡。上述环流因子配置非常有利于冷空气南下，给我国造成大范围降温天气。本次过程 200 hPa 西风急流强度较弱，未有 60 m/s 以上的强风速中心(图 2.4.4 和图 2.4.5)。

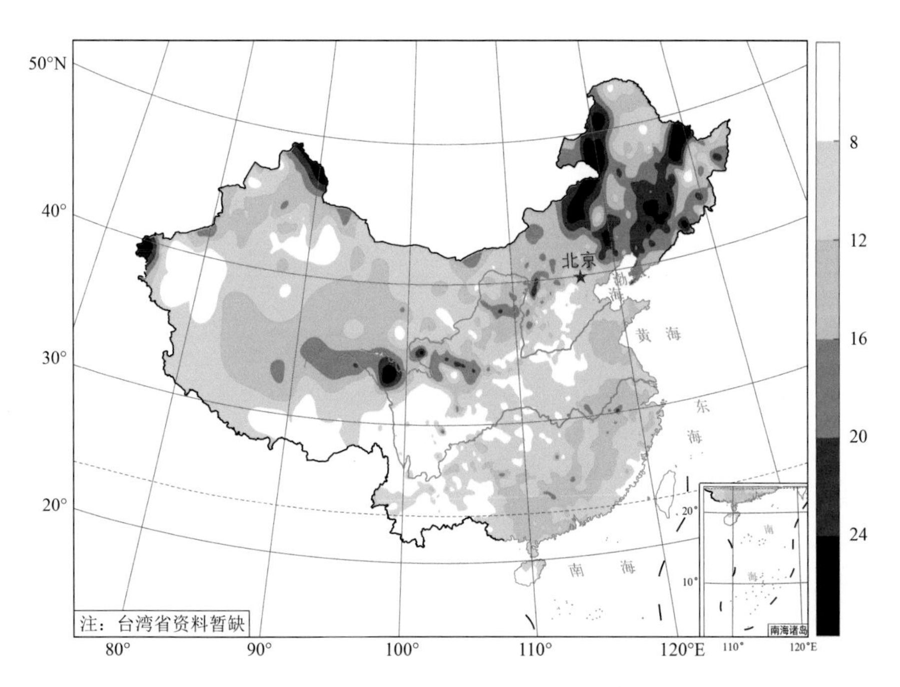

图 2.4.1　2002 年 12 月 3—8 日强降温事件过程最大降温(单位：℃)

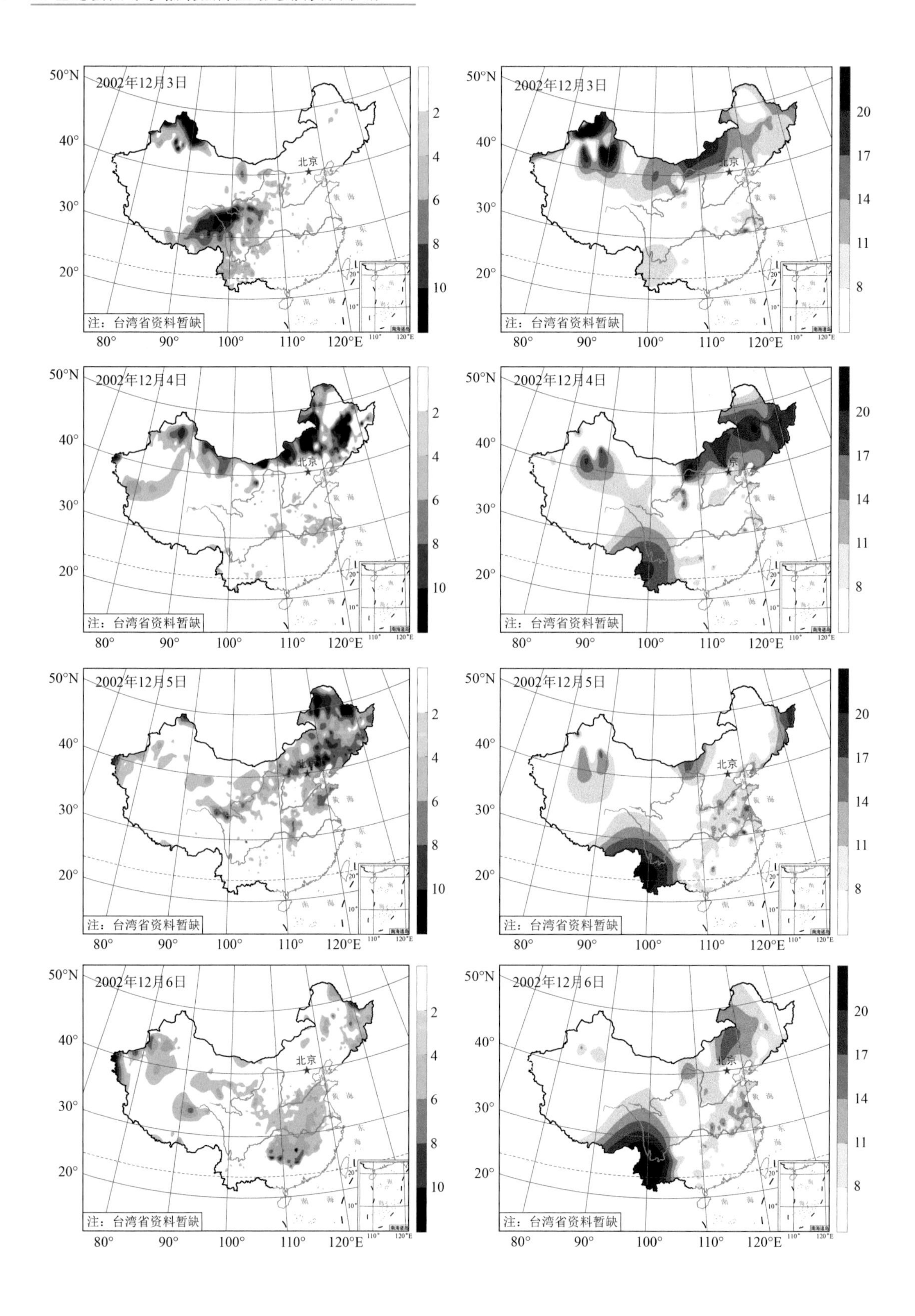
2002年12月3日
2002年12月4日
2002年12月5日
2002年12月6日
北京
注：台湾省资料暂缺
50°N
40°
30°
20°
80°
90°
100°
110°
120°E
2
4
6
8
10
20
17
14
11
8

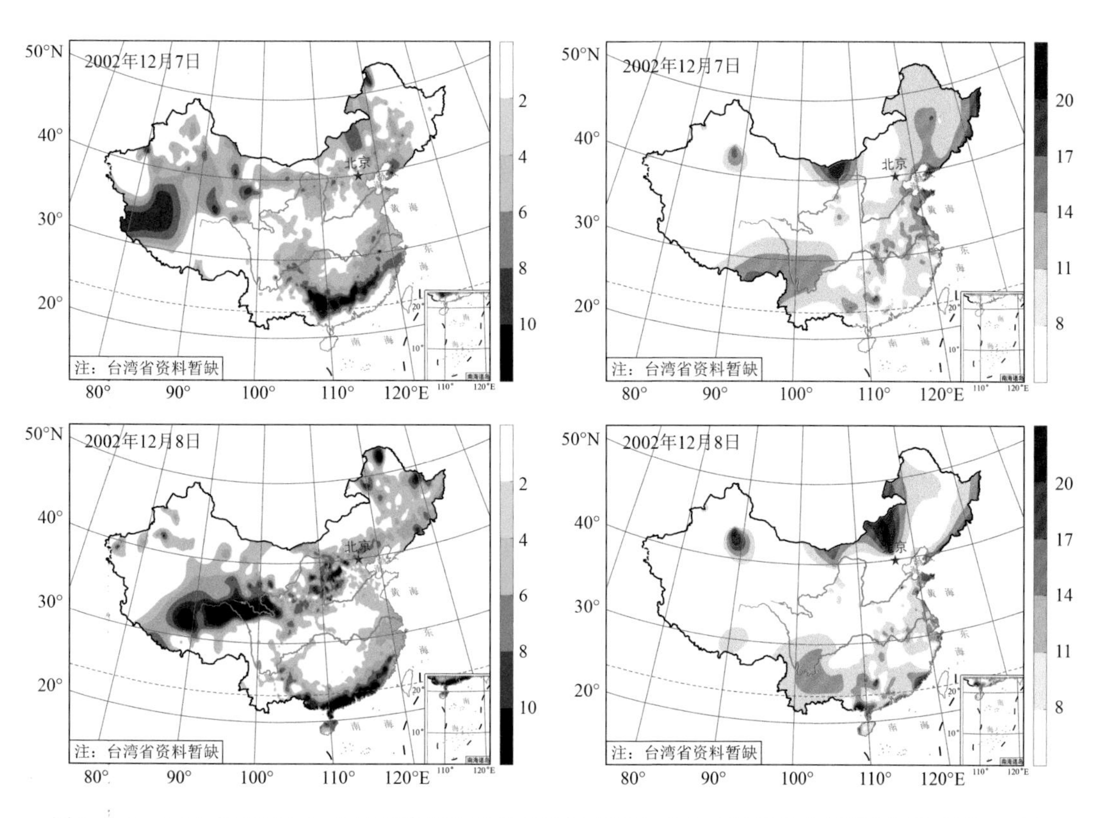

图 2.4.2　2002年12月3—8日强降温事件逐日降温(左列,单位:℃)和极大风速(右列,单位:m/s)

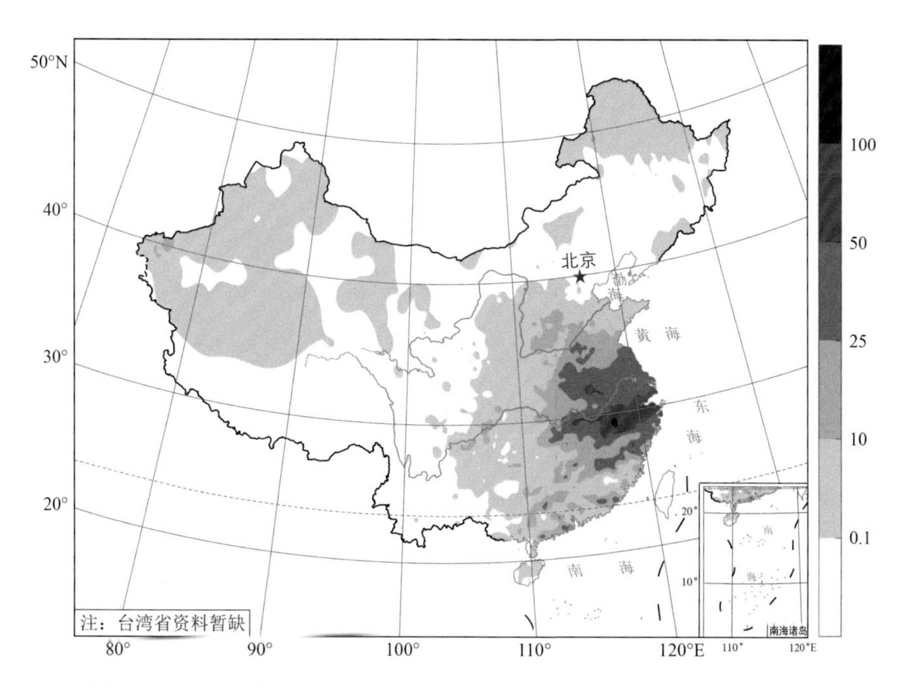

图 2.4.3　2002年12月3—8日强降温事件过程累计降水量(单位:mm)

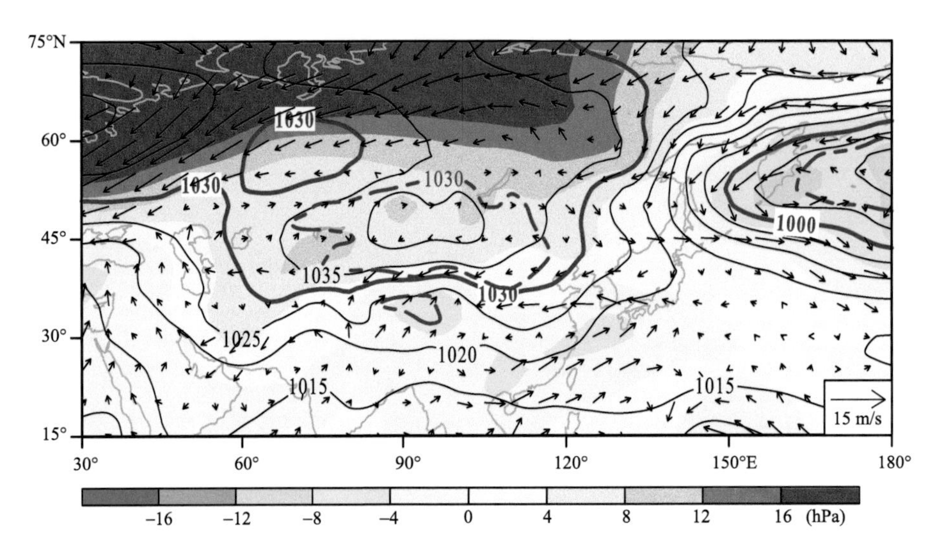

图 2.4.4 2002 年 12 月 3—8 日强降温事件过程平均海平面气压(等值线,单位:hPa)和距平(阴影,单位:hPa)及 850 hPa 水平风场距平(箭头,单位:m/s)。图中粗等值线分别对应 1000 hPa 和 1030 hPa 海平面气压值。实线为本次过程,虚线为气候态

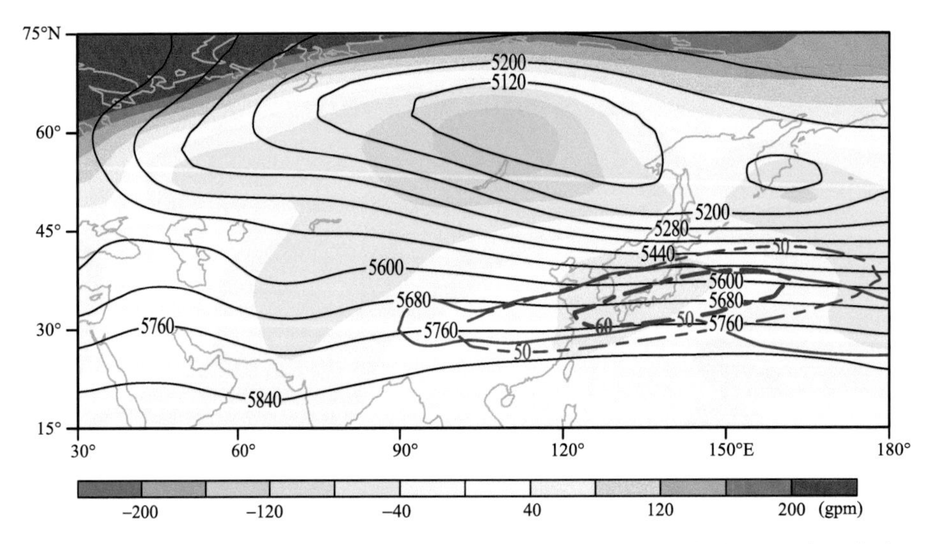

图 2.4.5 2002 年 12 月 3—8 日强降温事件过程平均 500 hPa 位势高度(黑色细等值线,单位:gpm)和位势高度距平(阴影,单位:gpm)及 200 hPa 纬向风速(蓝色粗等值线,仅给出 50 m/s 和 60 m/s 纬向风速)。实线为本次过程,虚线为气候态

事件5 2003年1月24—27日极端强降温过程

2003年1月，全国平均气温为－4.58 ℃，较常年同期偏高0.24 ℃，新疆东部、内蒙古中部和山西北部气温负距平低于－2 ℃(图略)。

本次过程新疆北部、内蒙古中部和东部、东北南部、西北地区东部过程最大降温在12 ℃以上。内蒙古阿尔山过程最大降温达22.7 ℃，为本次过程全国之最(图2.5.1)。单日最大降温发生在辽宁西丰，1月27日日降温为18.1 ℃。内蒙古中东部和东北地区出现了6级左右大风天气(图2.5.2)。强降温造成长江中下游沿江至华南北部雨雪量有10～25 mm，江南等地降水量超过50 mm(图2.5.3)。

从环流看，本次过程西伯利亚高压强度较强，1月24—27日，高压强度均在1030 hPa以上，其中25—26日强度标准化值超过1.0。同时，阿留申低压强度较强。500 hPa上，乌拉尔山地区为高压脊，贝加尔湖附近为低槽，但强度不是很强。鄂霍次克海地区为另一正位势高度距平中心。这一环流形势有利于乌拉尔山脊前经向环流加强，造成高纬冷空气不断在脊前堆积和南下(图2.5.4和图2.5.5)。

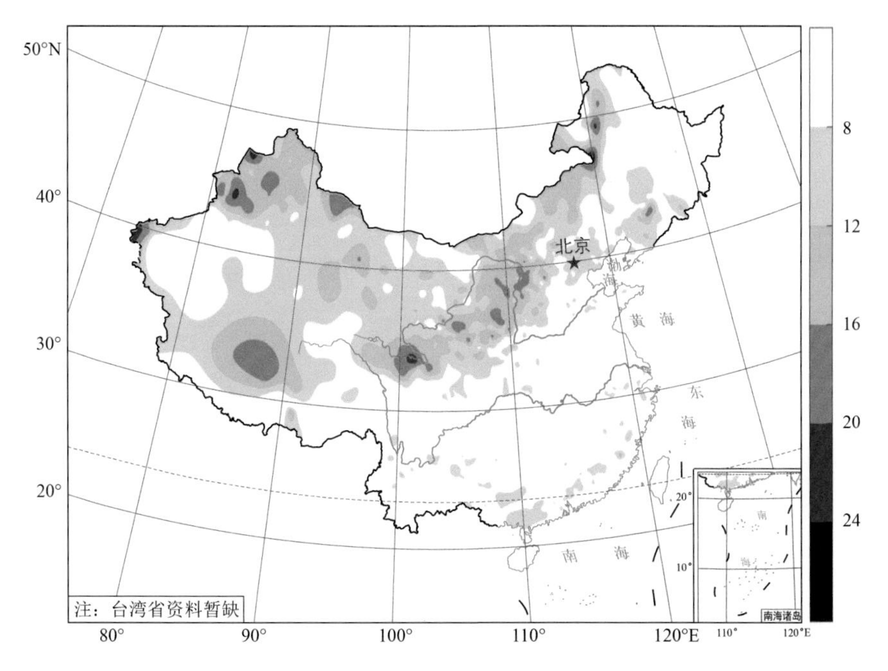

图2.5.1 2003年1月24—27日强降温事件过程最大降温(单位：℃)

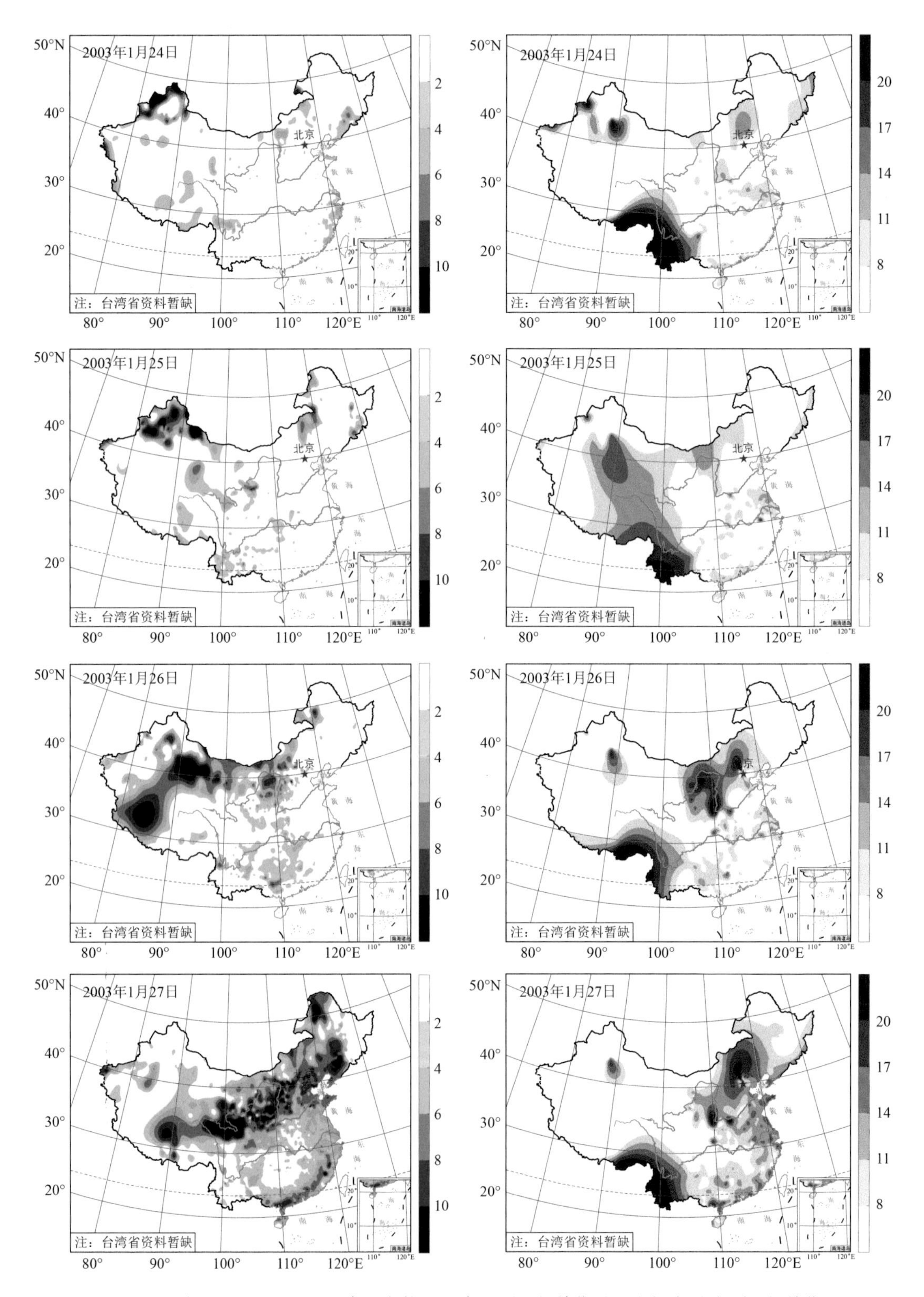

图 2.5.2 2003 年 1 月 24—27 日强降温事件逐日降温(左列,单位:℃)和极大风速(右列,单位:m/s)

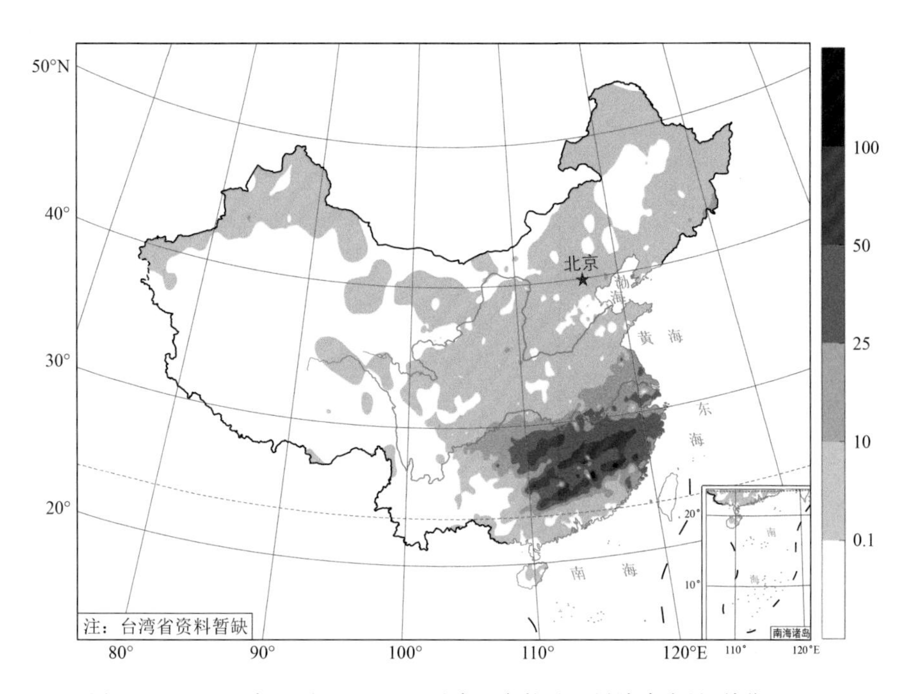

图2.5.3　2003年1月24—27日强降温事件过程累计降水量(单位:mm)

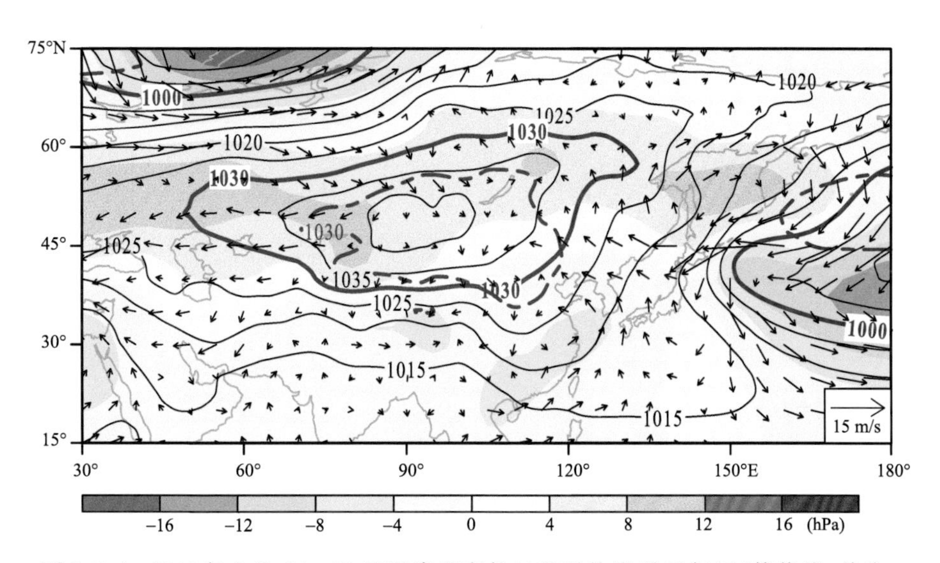

图2.5.4　2003年1月24—27日强降温事件过程平均海平面气压(等值线,单位:hPa)和距平(阴影,单位:hPa)及850 hPa水平风场距平(箭头,单位:m/s)。图中粗等值线分别对应1000 hPa和1030 hPa海平面气压值。实线为本次过程,虚线为气候态

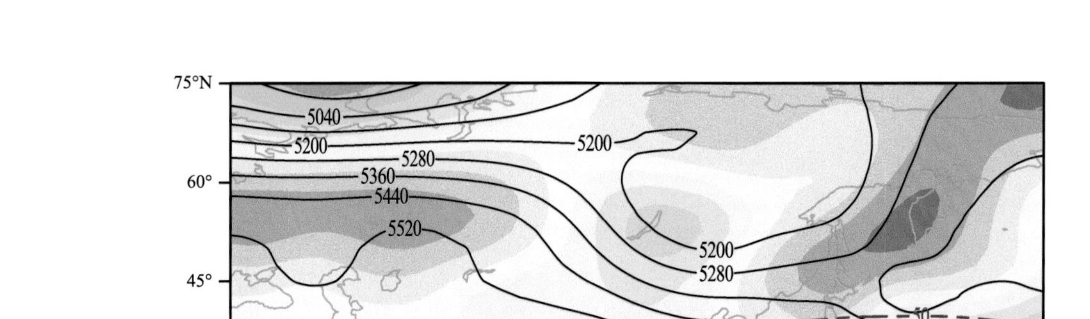

图2.5.5 2003年1月24—27日强降温事件过程平均500 hPa位势高度(黑色细等值线,单位:gpm)和位势高度距平(阴影,单位:gpm)及200 hPa纬向风速(蓝色粗等值线,仅给出50 m/s和60 m/s纬向风速)。实线为本次过程,虚线为气候态

事件 6　2003 年 2 月 8—12 日极端强降温过程

2003 年 2 月，全国平均气温为－0.52 ℃，较常年同期高 0.71 ℃。空间分布上，除西藏、西南地区南部、新疆东部等地气温较常年同期偏低外，全国大部气温偏高（图略）。

本次过程造成我国除青藏高原外大部分地区普遍降温 8 ℃以上，其中新疆北部、内蒙古中东部、东北、黄淮、江汉、江南西部降温在 12 ℃以上，东北地区东部部分站点气温下降超过 24 ℃。过程最大降温超过 25 ℃ 的测站主要位于吉林（3 站）和黑龙江（1 站），其中吉林舒兰过程最大降温达 30 ℃，为本次过程全国之最（图 2.6.1）。单日最大降温发生在新疆额敏，2 月 8 日降幅为 17.4 ℃。淮河以北大部分地区偏北风风力有 4～6 级（图 2.6.2）。受其影响，新疆西部、陕西南部、山西中部、河南大部、苏皖大部及湖北和湖南的部分地区为大到暴雪或雨夹雪，江淮大部和江南西部的一些地区降水量达 20～35 mm。河南、安徽、湖北、湖南和贵州的局部地区还出现了冻雨（图 2.6.3）。

从环流看，本次过程西伯利亚高压东西范围宽广，其中西侧中心位于西亚地区，强度较强。8—10 日强度标准化值均超过 1.0，9 日达到 2.1。但阿留申低压强度弱。500 hPa 上，新地岛附近是较强的高压脊，正距平中心超过 200 gpm。鄂霍次克海阻塞高压亦较强，贝加尔湖附近为一低涡。日监测表明（张芳华，2003），乌拉尔山高压脊后部盛行西南气流，暖平流动力加压作用使高压脊向北发展，7 日发展成经向度很大的阻塞高压脊。从巴伦支海东移的不稳定小槽沿脊前偏北气流往南加深，发展成横跨整个亚洲东部地区的强大低涡，并从贝加尔湖到蒙古

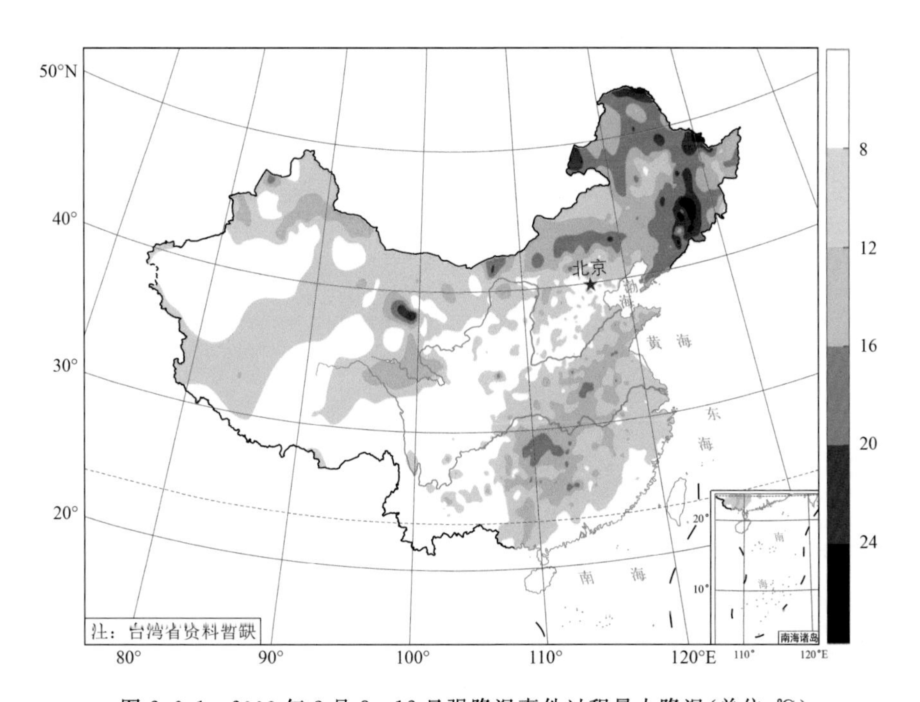

图 2.6.1　2003 年 2 月 8—12 日强降温事件过程最大降温（单位：℃）

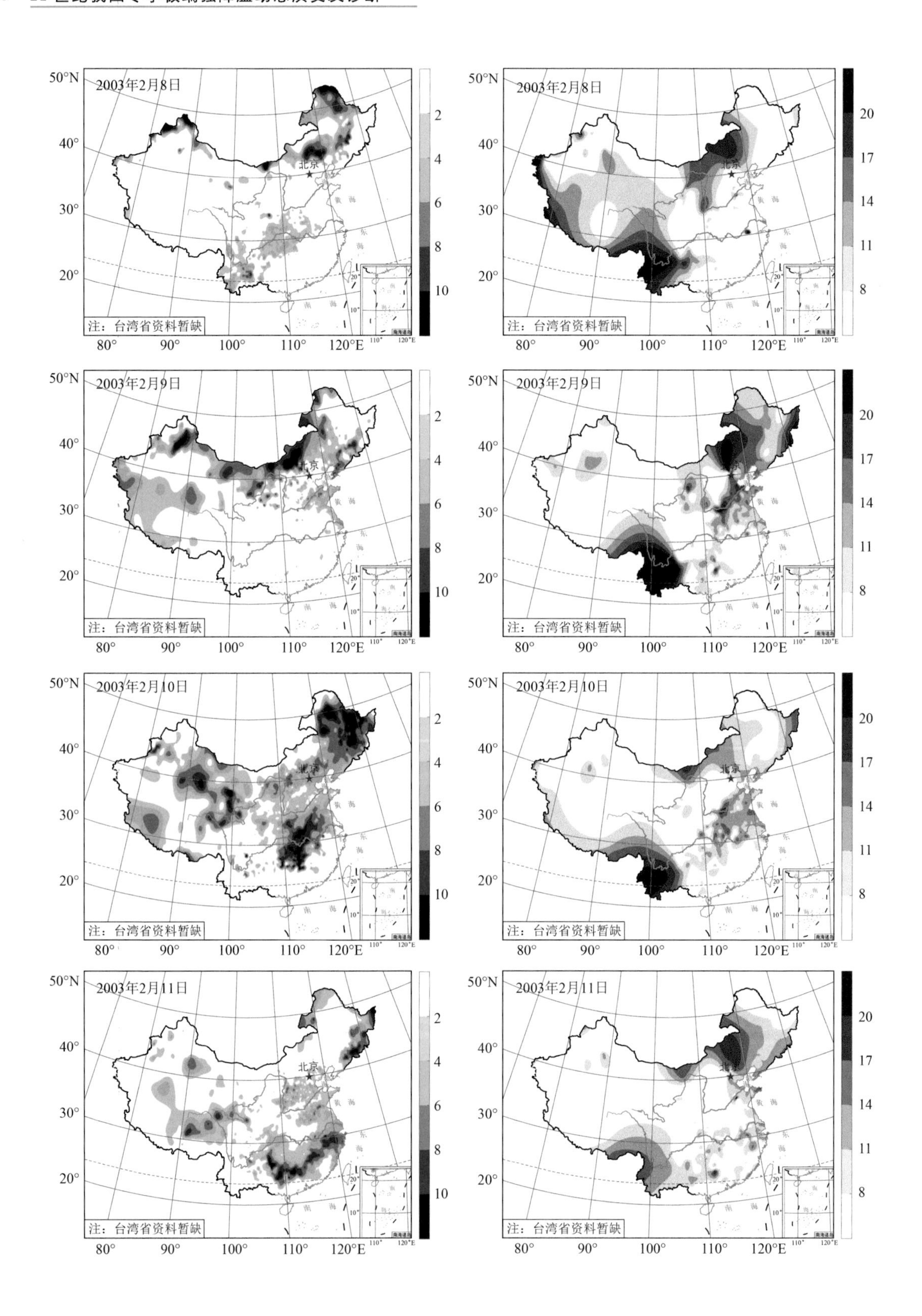
2003年2月8日
2003年2月8日
2003年2月9日
2003年2月9日
2003年2月10日
2003年2月10日
2003年2月11日
2003年2月11日
北京
注：台湾省资料暂缺
50°N
40°
30°
20°
80°
90°
100°
110°
120°E
2
4
6
8
10
8
11
14
17
20

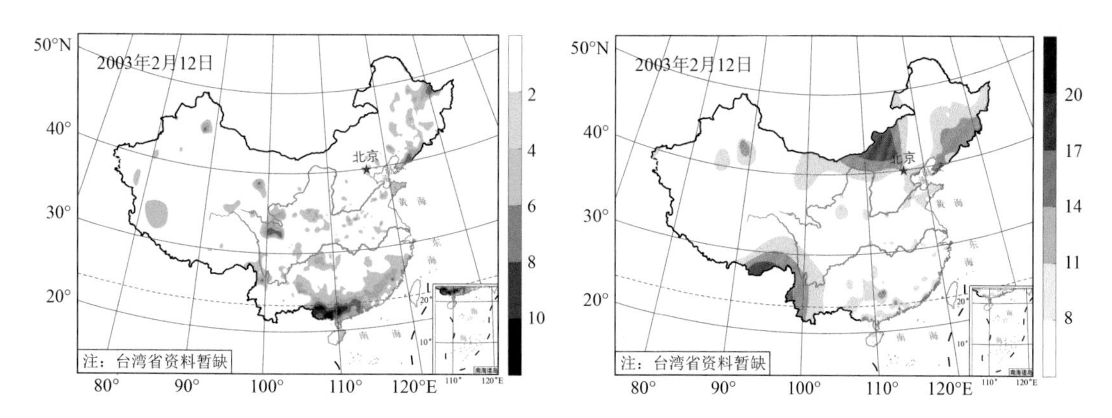

图 2.6.2　2003 年 2 月 8—12 日强降温事件逐日降温(左列,单位:℃)和极大风速(右列,单位:m/s)

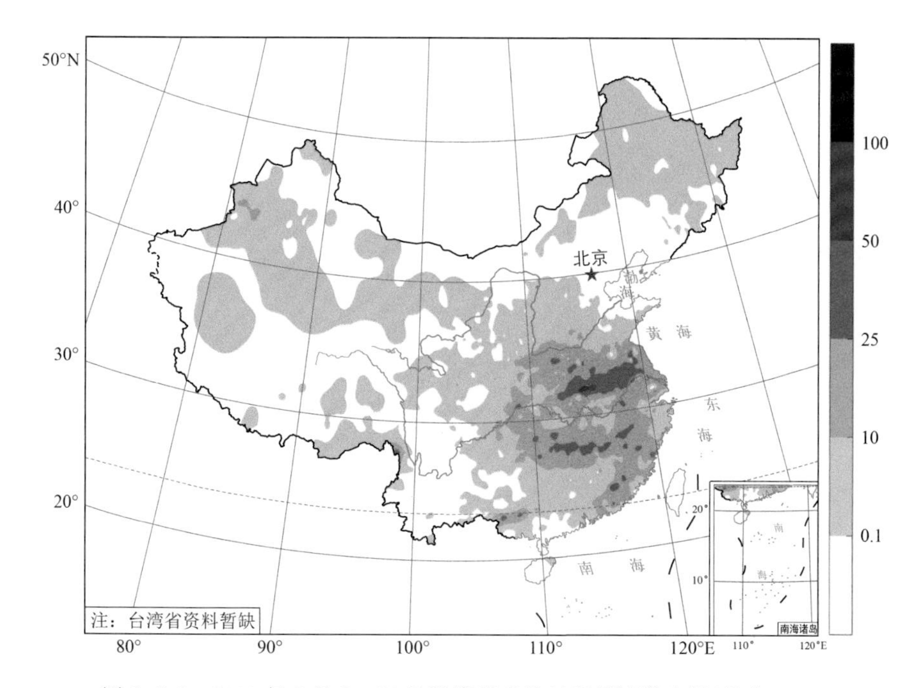

图 2.6.3　2003 年 2 月 8—12 日强降温事件过程累计降水量(单位:mm)

国西部形成一近东西向的横槽。8 日,新地岛附近有短波槽东移,促使乌拉尔山北部脊减弱东移,横槽中东段遭破坏,并逐渐转竖东移南下,冷空气沿着低槽后部偏北气流大举南下袭击我国。与此同时,在青藏高原上有一个高原槽逐日向东移动,10 日与北支槽同位相叠加成经向度很大的长波槽,引发冷空气进一步南下(图 2.6.4 和图 2.6.5)。

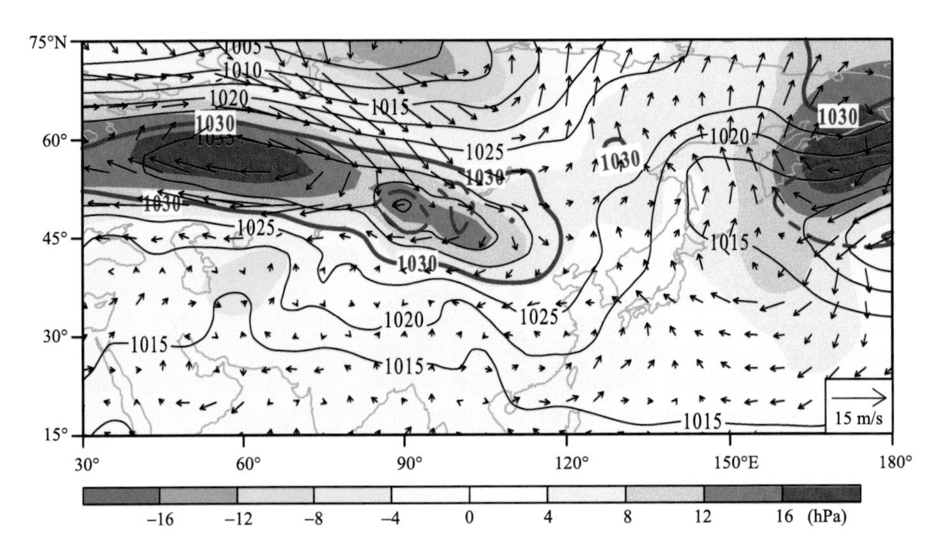

图 2.6.4 2003年2月8—12日强降温事件过程平均海平面气压(等值线,单位:hPa)和距平(阴影,单位:hPa)及850 hPa水平风场距平(箭头,单位:m/s)。图中粗等值线分别对应1000 hPa和1030 hPa海平面气压值。实线为本次过程,虚线为气候态

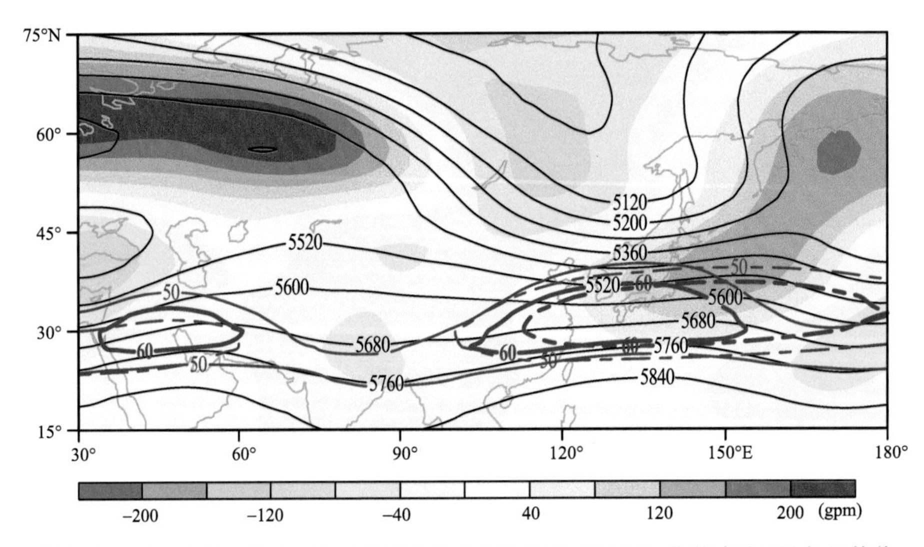

图 2.6.5 2003年2月8—12日强降温事件过程平均500 hPa位势高度(黑色细等值线,单位:gpm)和位势高度距平(阴影,单位:gpm)及200 hPa纬向风速(蓝色粗等值线,仅给出50 m/s和60 m/s纬向风速)。实线为本次过程,虚线为气候态

事件 7　2005 年 12 月 3—5 日极端强降温过程

2005 年 12 月，全国平均气温为－4.37 ℃，较常年同期偏低 1.39 ℃。除西南地区南部和西北部、西藏东部外，全国大部气温偏低，其中黄河以北的大部分地区气温负距平低于－2 ℃，内蒙古中部和西部、甘肃北部、东北地区东南部低于－4 ℃（图略）。

12 月 3—5 日的强降温过程造成内蒙古中西部和东北部、黄淮、江淮、江南普遍降温 8 ℃以上，局部地区降温在 12 ℃以上。黑龙江呼中站过程最大降温达 19.4 ℃，为本次过程全国之最（图 2.7.1）。单日最大降温发生在黑龙江塔河，12 月 5 日日降温为 17.3 ℃。新疆北部、西北地区东部、长江中下游以北地区出现 4～6 级偏北风（图 2.7.2）。本次过程东北、长江中下游沿江至华南北部都出现了雨雪天气，其中江南北部雨量有 10～25 mm（图 2.7.3）。

本次过程西伯利亚高压强度异常偏强且位置偏北。中心值超过 1055 hPa，1030 hPa 等值线延伸至 80°N 以北。12 月 2—6 日的西伯利亚高压强度均超过气候平均 1 个标准差，其中 2 日和 3 日超过 2 个标准差。同时阿留申低压西段异常偏强，中心负距平达－20～－16 hPa。逐日监测表明，2 日 500 hPa 在乌拉尔山东侧存在一个高压脊。从贝加尔湖到日本海存在一个东西走向的切断低压。来自白令海峡的冷空气经由鄂霍次克海，以及来自北地群岛南下扩散的冷空气到达我国东北地区北部和蒙古国，并在此堆积。在切断低压的北侧是一个较为强大的阻塞高压。我国北方大部为槽底宽广的偏西气流控制。3 日随着高压脊东移至 80°E，切断低压主体入侵我国，冷空气沿槽后偏北气流影响我国（图 2.7.4 和图 2.7.5）。

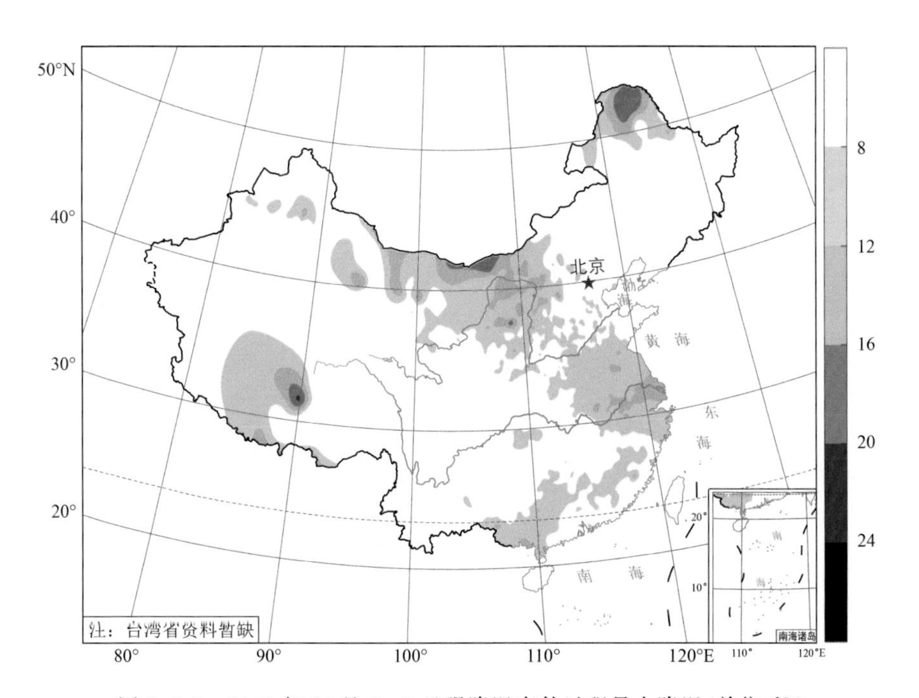

图 2.7.1　2005 年 12 月 3—5 日强降温事件过程最大降温（单位：℃）

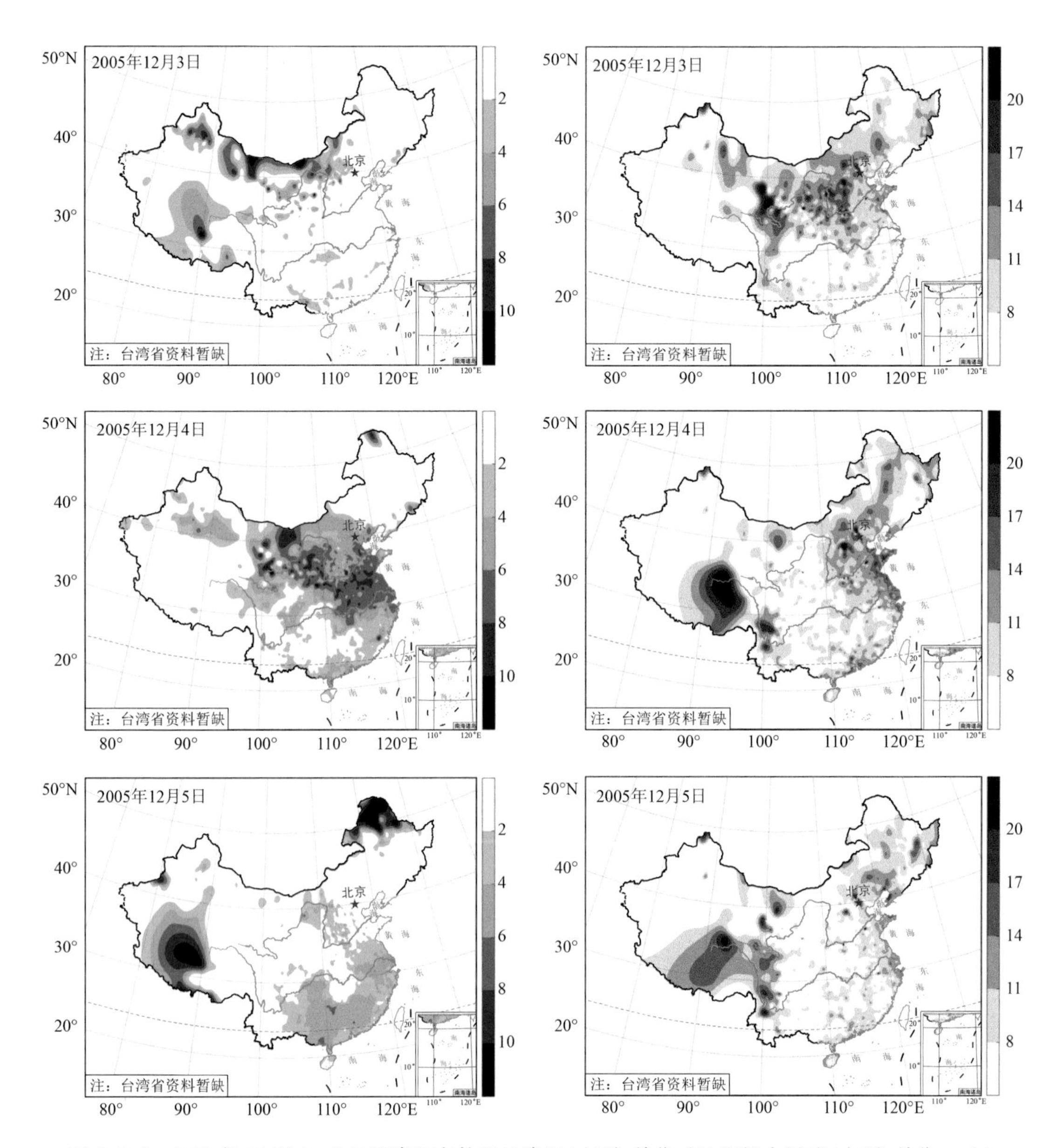

图 2.7.2 2005年12月3—5日强降温事件逐日降温(左列,单位:℃)和极大风速(右列,单位:m/s)

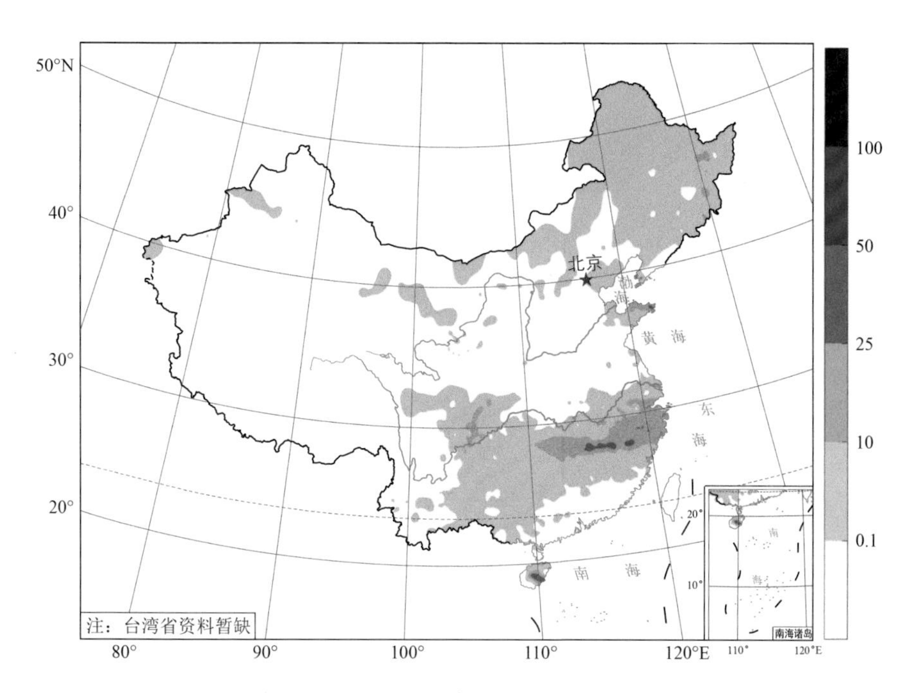

图 2.7.3　2005 年 12 月 3—5 日强降温事件过程累计降水量(单位:mm)

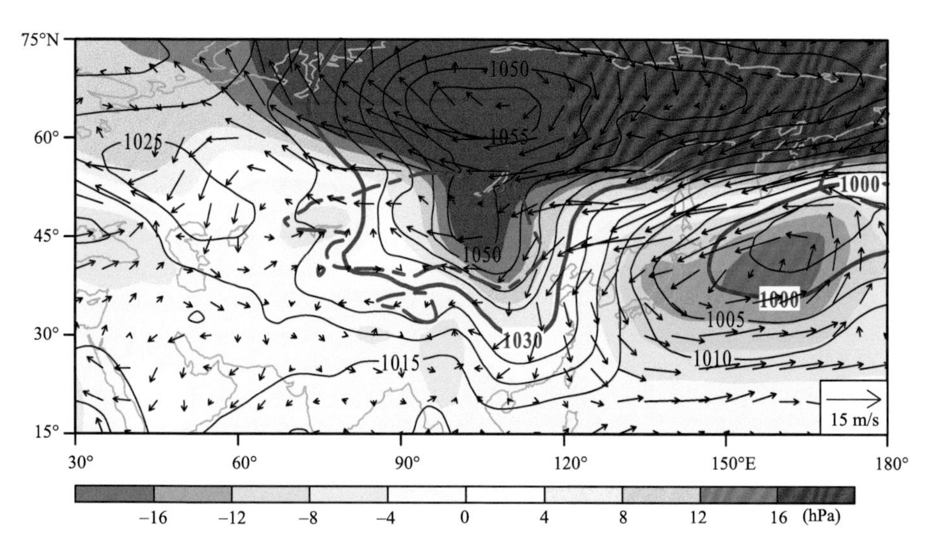

图 2.7.4　2005 年 12 月 3—5 日强降温事件过程平均海平面气压(等值线,单位:hPa)和距平(阴影,单位:hPa)及 850 hPa 水平风场距平(箭头,单位:m/s)。图中粗等值线分别对应 1000 hPa 和 1030 hPa 海平面气压值。实线为本次过程,虚线为气候态

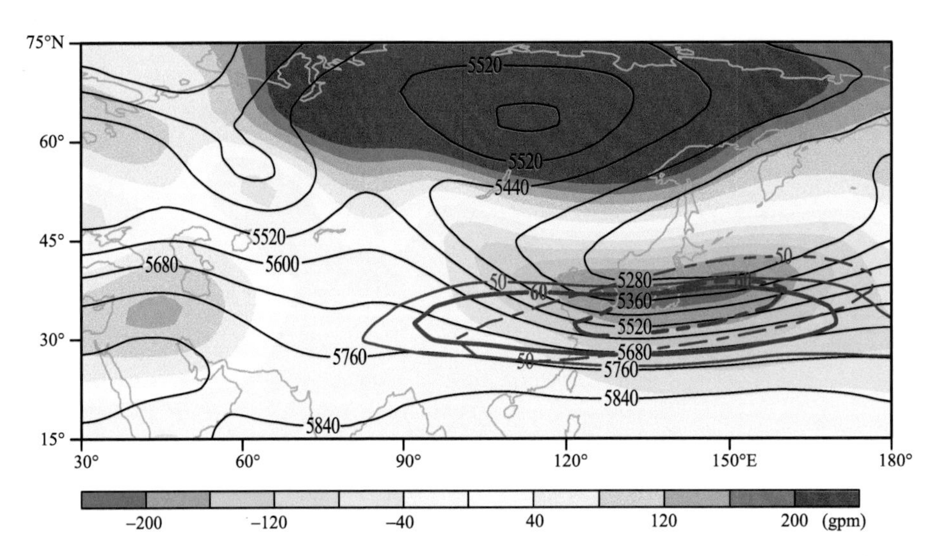

图 2.7.5 2005 年 12 月 3—5 日强降温事件过程平均 500 hPa 位势高度(黑色细等值线,单位:gpm)和位势高度距平(阴影,单位:gpm)及 200 hPa 纬向风速(蓝色粗等值线,仅给出 50 m/s 和 60 m/s 纬向风速)。实线为本次过程,虚线为气候态

事件 8　2006 年 1 月 3—6 日极端强降温过程

2006 年 1 月，全国平均气温为－4.36 ℃，较常年同期偏高 0.46 ℃，气温分布空间差异性显著。月平均气温偏低的地区主要位于新疆、甘肃西北部、内蒙古西部和东部及东北等地，其中新疆大部、东北北部等地偏低 2 ℃以上。我国其余大部分地区气温较常年同期偏高(图略)。

1 月 3—6 日的强降温过程造成新疆、西北地区、内蒙古中西部、东北东部和西北部、华北、江淮、江南、华南普遍降温 8 ℃以上，其中新疆、西北、东北东南部、华南西部降温在12 ℃以上。新疆蔡家湖站过程最大降温达 24.4 ℃，为本次过程全国之最(图 2.8.1)。单日最大降温发生在青海久治，1 月 5 日日降温为 16.9 ℃。东北、华北、黄淮、江淮等地先后出现了 4～6 级偏北风，东部和南部海区出现了 6～8 级大风(图 2.8.2)。本次强降温造成新疆西南部、西北地区北部、华北南部、黄淮，江淮、江南、华南、西南地区东部均出现雨雪天气，贵州大部出现冻雨(赵瑞，2006)，其中长江中下游沿江累计雨雪量达 10～25 mm(图 2.8.3)。

本次过程乌拉尔山地区高压脊异常强大，中心距平值超过 200 gpm，同时在其东侧的拉普捷夫海附近为低涡中心，低涡东侧的槽向南延伸至日本南部，造成东亚槽加深，加大了位势高度梯度。地面气压场上，西伯利亚高压强度异常偏强且位置偏西偏北。中心值超过1045 hPa。1 月 3—4 日的西伯利亚高压强度均超过气候平均 2 个标准差。同时阿留申低压西段偏强，中心负距平达－16～－8 hPa(图 2.8.4 和图 2.8.5)。

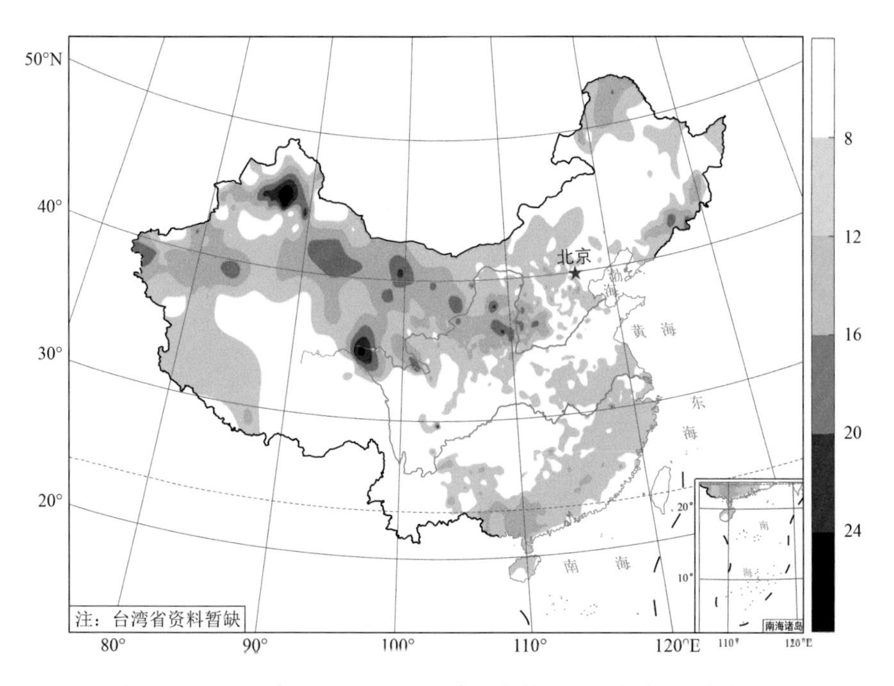

图 2.8.1　2006 年 1 月 3—6 日强降温事件过程最大降温(单位：℃)

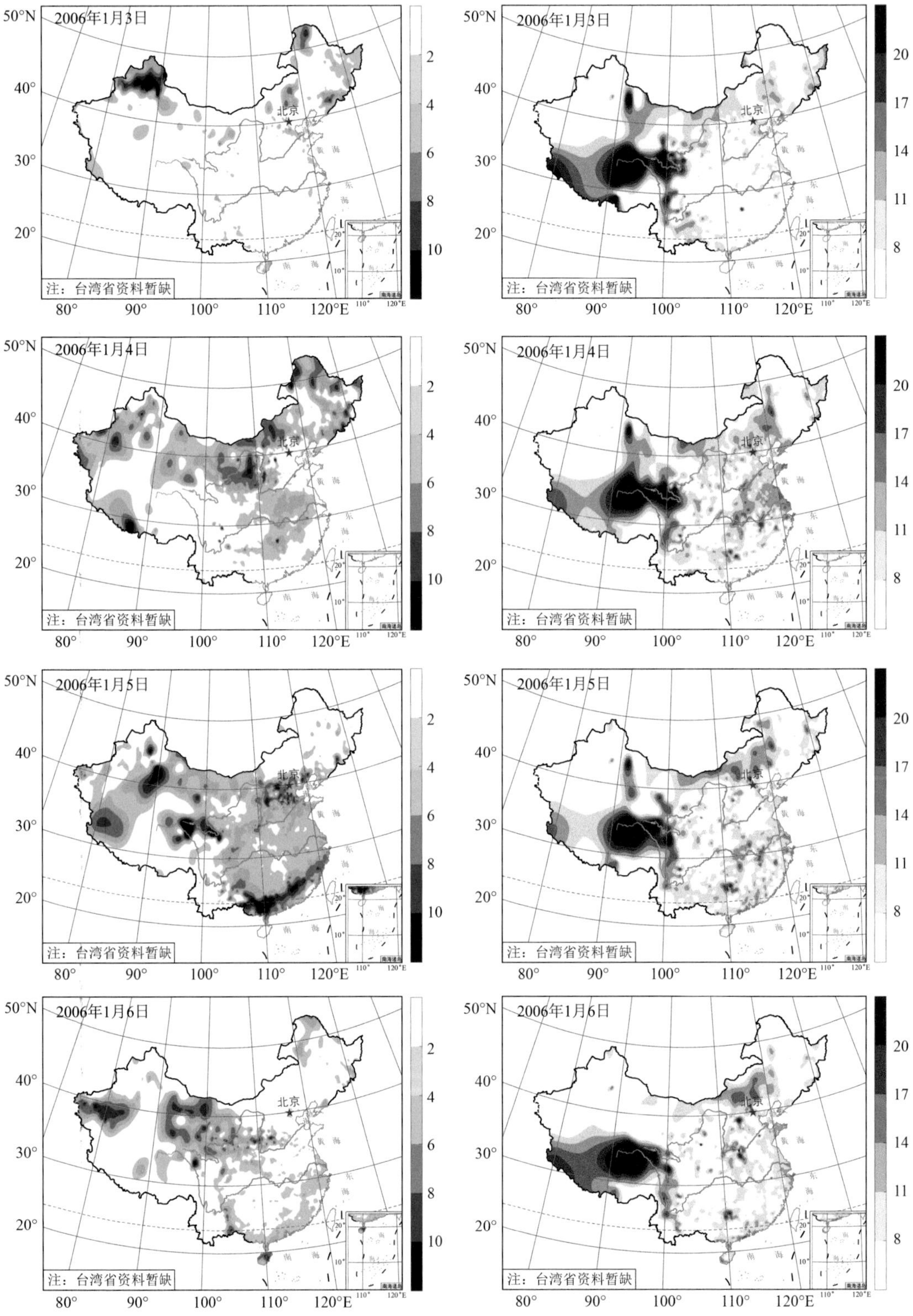

图 2.8.2 2006 年 1 月 3—6 日强降温事件逐日降温(左列,单位:℃)和极大风速(右列,单位:m/s)

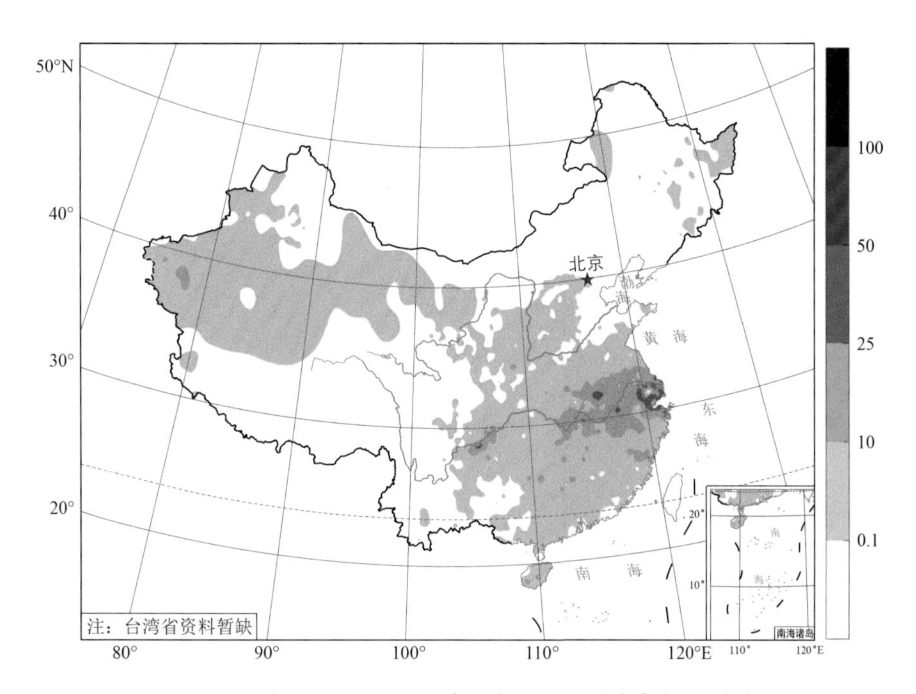

图 2.8.3　2006 年 1 月 3—6 日强降温事件过程累计降水量(单位:mm)

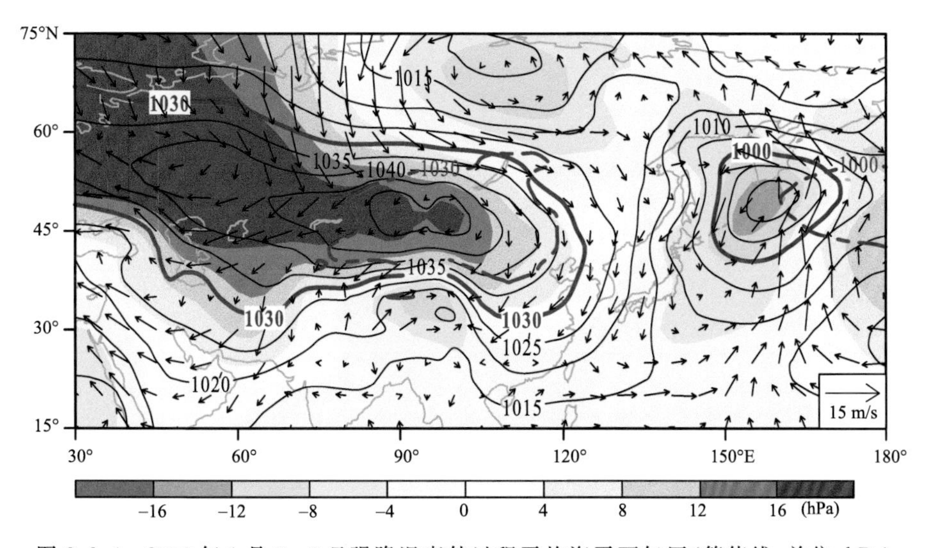

图 2.8.4　2006 年 1 月 3—6 日强降温事件过程平均海平面气压(等值线,单位:hPa)和距平(阴影,单位:hPa)及 850 hPa 水平风场距平(箭头,单位:m/s)。图中粗等值线分别对应 1000 hPa 和 1030 hPa 海平面气压值。实线为本次过程,虚线为气候态

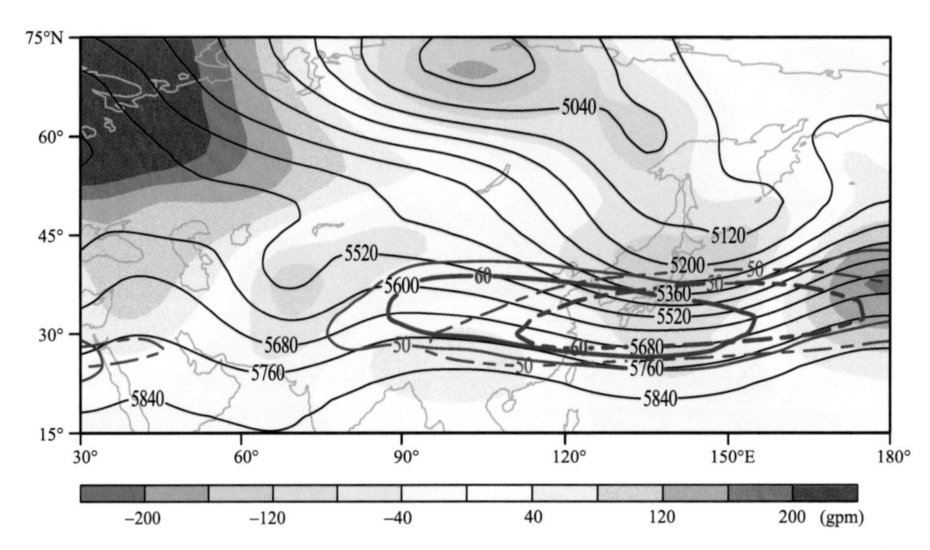

图 2.8.5 2006 年 1 月 3—6 日强降温事件过程平均 500 hPa 位势高度(黑色细等值线,单位:gpm)和位势高度距平(阴影,单位:gpm)及 200 hPa 纬向风速(蓝色粗等值线,仅给出 50 m/s 和 60 m/s 纬向风速)。实线为本次过程,虚线为气候态

事件9　2006年2月13—17日极端强降温过程

2006年2月，全国平均气温为－0.77 ℃，较常年同期偏高0.46 ℃，气温分布呈明显的西暖东冷特征。月平均气温偏低的地区主要位于内蒙古、东北、华北、黄淮、江淮、江汉、江南、华南西部等地，其中内蒙古中西部和东北部、东北地区北部偏低2 ℃以上。我国西部气温较常年同期偏高（图略）。

2月13—17日的强降温过程造成新疆、西北地区、内蒙古、东北、华北、黄淮、江淮、江南、华南普遍降温8 ℃以上，其中新疆北部、东北地区中部降温在20 ℃以上。本次过程共有9个测站最大降温幅度超过25 ℃，包括吉林（7站）、辽宁（1站）和内蒙古（1站），其中吉林磐石过程最大降温达29 ℃，为本次过程全国之最（图2.9.1）。单日最大降温发生在内蒙古图里河，2月15日日降温为19 ℃（图2.9.2）。本次强降温造成西北地区东部、华北、东北南部、黄淮和江淮等地先后出现了5～7级偏北风，并和南支系统配合，在西南地区西部和东部、淮河南部、江南大部等地出现25～50 mm降水，藏滇交界处及长江中游降水超过50 mm（图2.9.3）。

本次过程西伯利亚高压强度一般，除15日强度标准化值为1.18外，其他时段均不及0.7。但在500 hPa，新地岛以南巴尔喀什湖以北为强高压脊，中心距平值超过150 gpm，贝加尔湖西侧为低槽（图2.9.4和图2.9.5）。

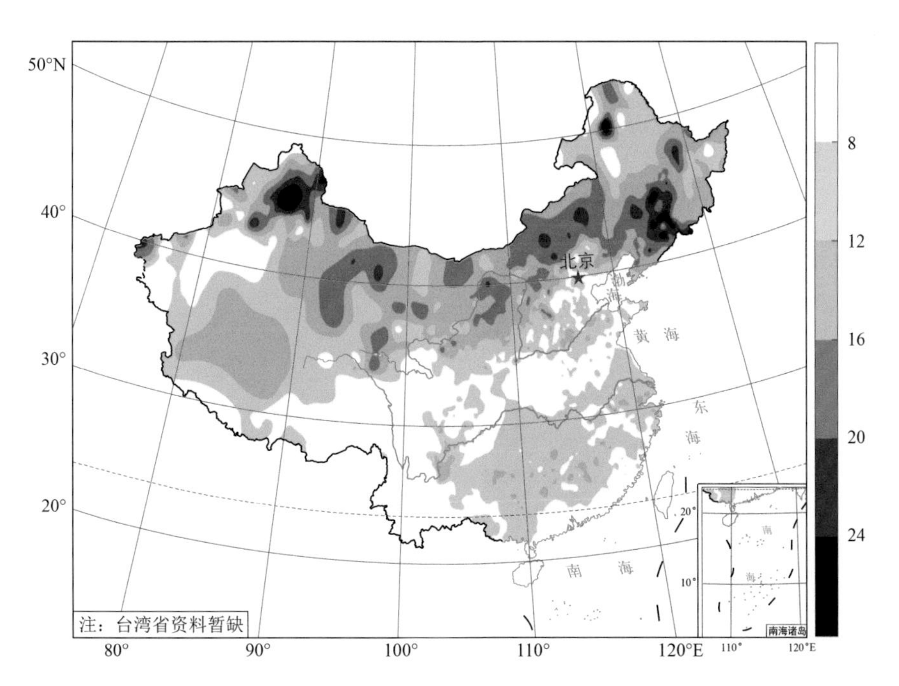

图2.9.1　2006年2月13—17日强降温事件过程最大降温（单位：℃）

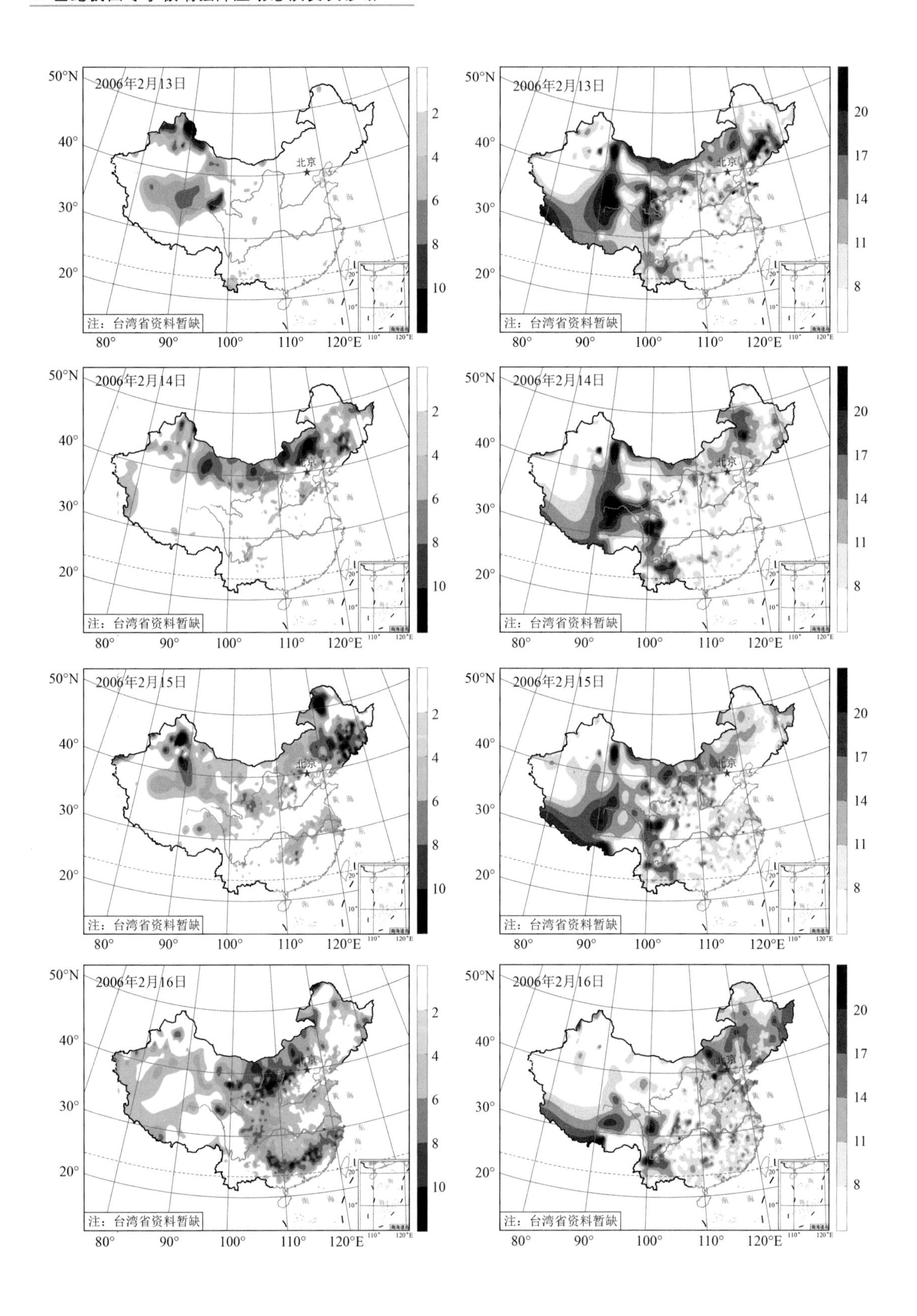
2006年2月13日
2006年2月14日
2006年2月15日
2006年2月16日
北京
注：台湾省资料暂缺
50°N
40°
30°
20°
80°
90°
100°
110°
120°E
2
4
6
8
10
20
17
14
11
8

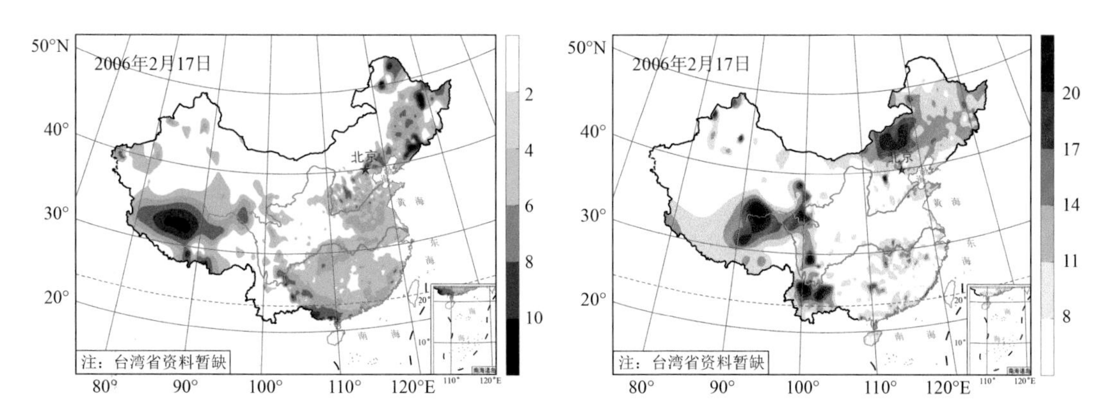

图2.9.2　2006年2月13—17日强降温事件逐日降温(左列，单位:℃)和极大风速(右列，单位:m/s)

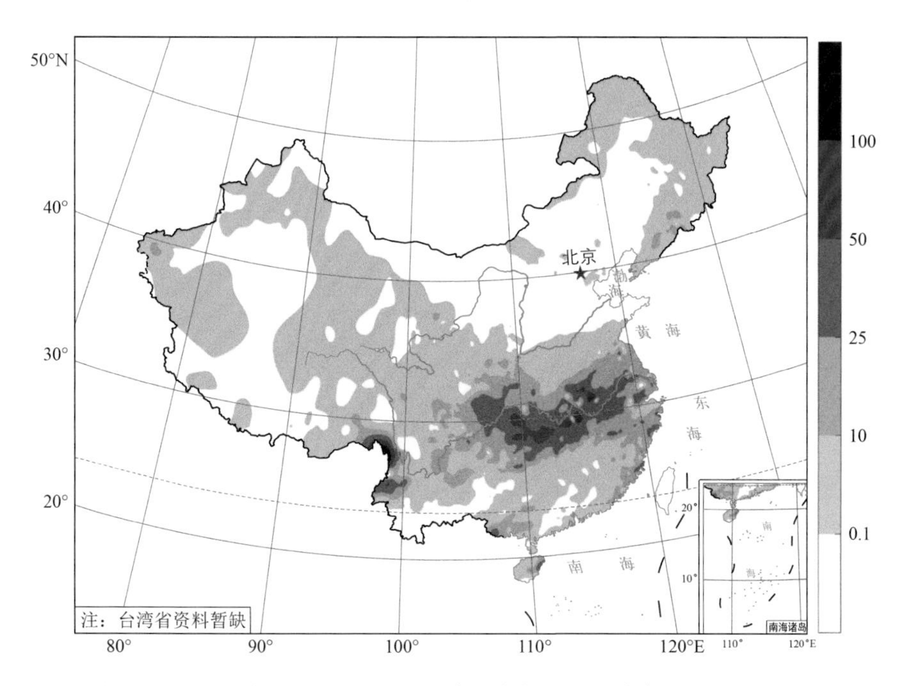

图2.9.3　2006年2月13—17日强降温事件过程累计降水量(单位:mm)

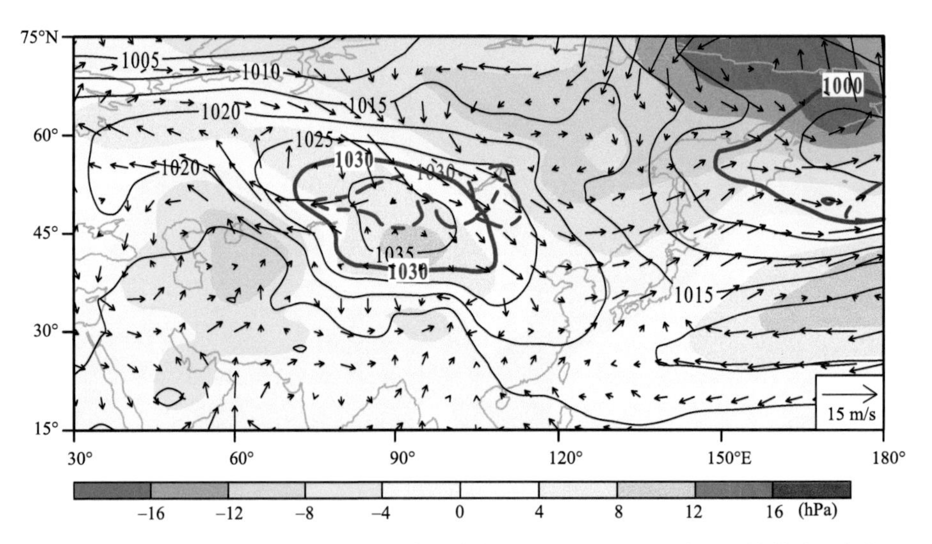

图 2.9.4 2006 年 2 月 13—17 日强降温事件过程平均海平面气压(等值线,单位:hPa)和距平(阴影,单位:hPa)及 850 hPa 水平风场距平(箭头,单位:m/s)。图中粗等值线分别对应 1000 hPa 和 1030 hPa 海平面气压值。实线为本次过程,虚线为气候态

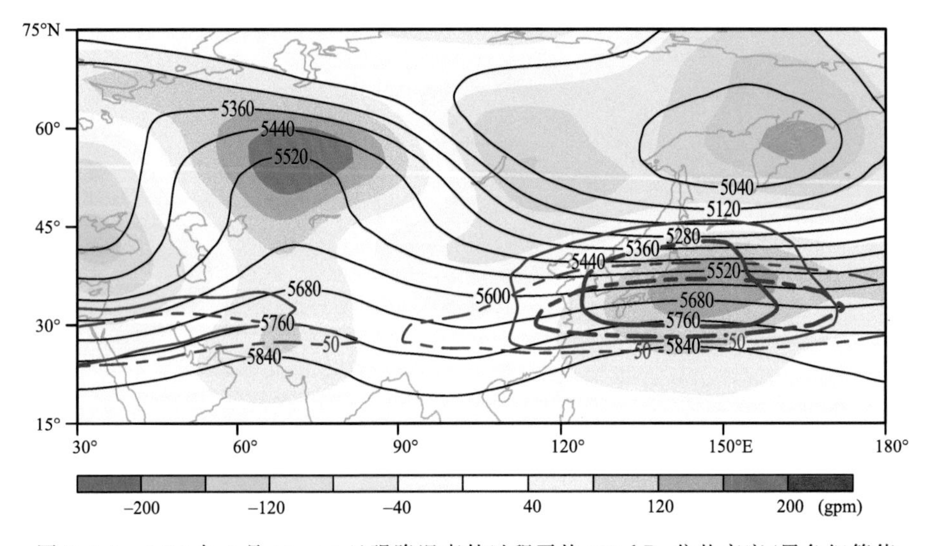

图 2.9.5 2006 年 2 月 13—17 日强降温事件过程平均 500 hPa 位势高度(黑色细等值线,单位:gpm)和位势高度距平(阴影,单位:gpm)及 200 hPa 纬向风速(蓝色粗等值线,仅给出 50 m/s 和 60 m/s 纬向风速)。实线为本次过程,虚线为气候态

事件 10　2008 年 1 月 12—13 日极端强降温过程

2008 年 1 月，全国平均气温为－6.22 ℃，较常年同期偏低 1.4 ℃。除西南地区西部和南部、青藏高原外，我国大部分地区气温较常年同期明显偏低，其中新疆西部和北部、内蒙古西部、西北地区东部偏低 4 ℃以上(图略)。

与其他多数极端强降温事件的影响范围不同，本月 12—13 日过程的大幅降温区域位于西北地区中部、西南地区东部、江南、华南等地，造成上述地区普遍降温 8 ℃以上，局部地区降温在 12 ℃以上。贵州雷山过程最大降温达 18.7 ℃，为本次过程全国之最(图 2.10.1)。单日最大降温也发生在贵州雷山，1 月 12 日日降温为 15.8 ℃。受冷空气影响，我国自北向南先后出现大风天气(图 2.10.2)。本次强降温过程相伴的雨雪天气主要位于河套地区、黄淮和江淮等地，但雨雪强度较弱，仅江淮等地有 10～25 mm 的降水(图 2.10.3)。

本次过程西伯利亚高压强度异常偏强且位置偏北，1030 hPa 等值线延伸至 75°N，强度自 11 日至 15 日连续 5 d 超过 1040 hPa，且后 4 d 均超过气候值 2 个标准差。同时阿留申低压西段亦偏强，有利于海陆气压梯度的加大。和地面系统相对应，新地岛东侧为一异常强大的高压脊，中心距平值超过 200 gpm，日本海以东为低压槽(图 2.10.4 和图 2.10.5)。

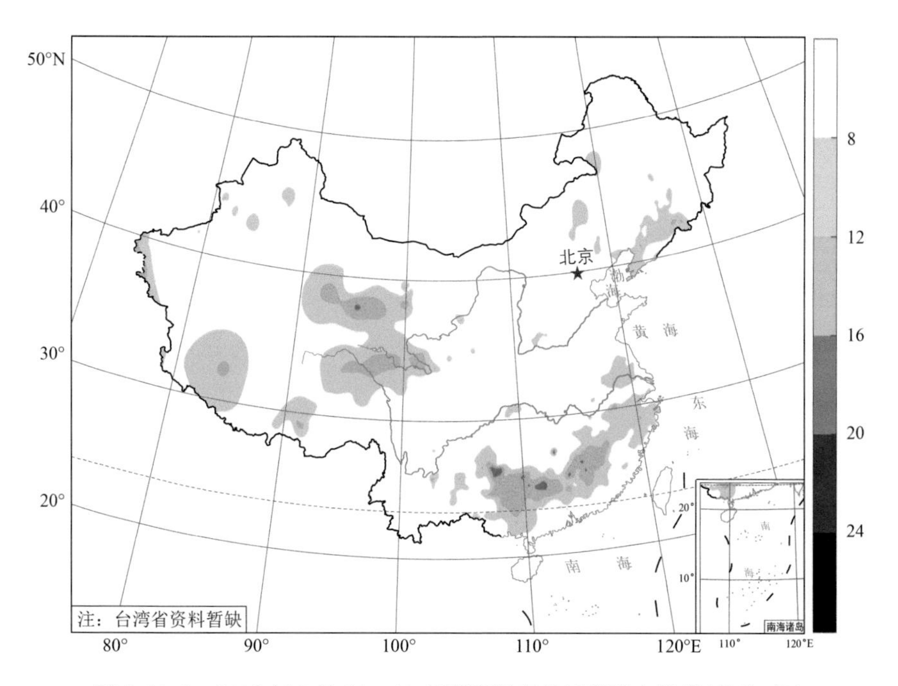

图 2.10.1　2008 年 1 月 12—13 日强降温事件过程最大降温(单位：℃)

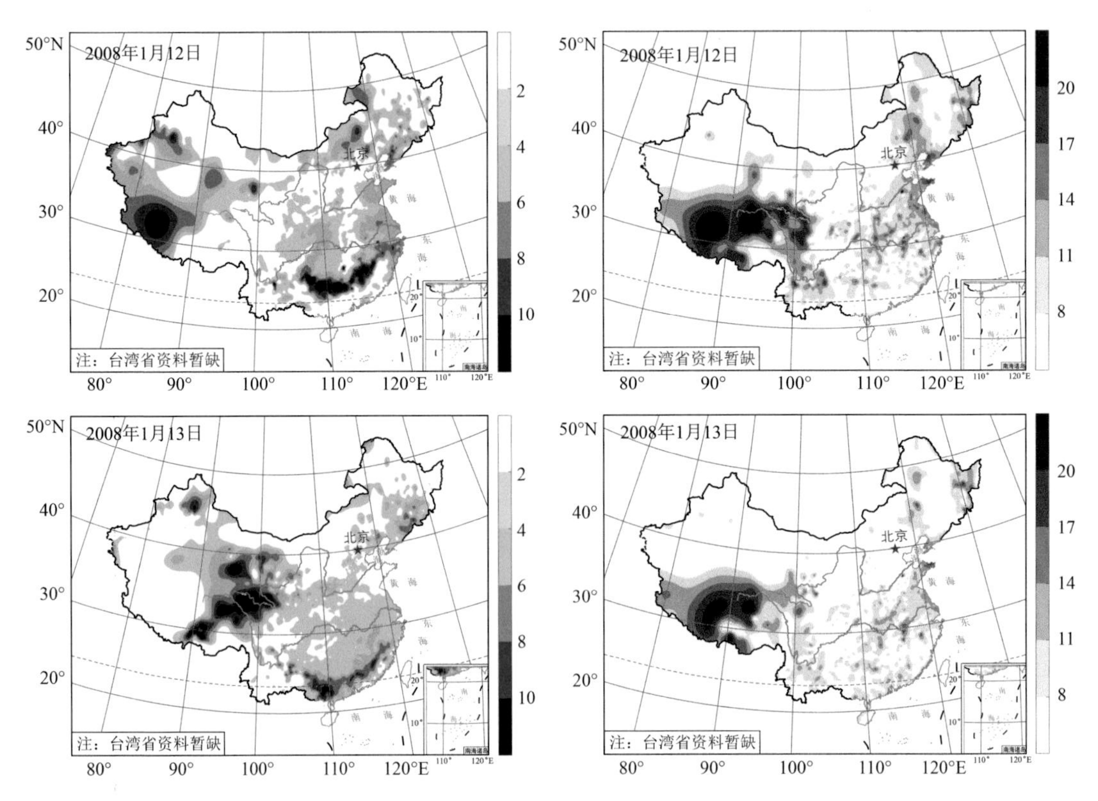

图 2.10.2 2008 年 1 月 12—13 日强降温事件逐日降温(左列，单位：℃)和极大风速(右列，单位：m/s)

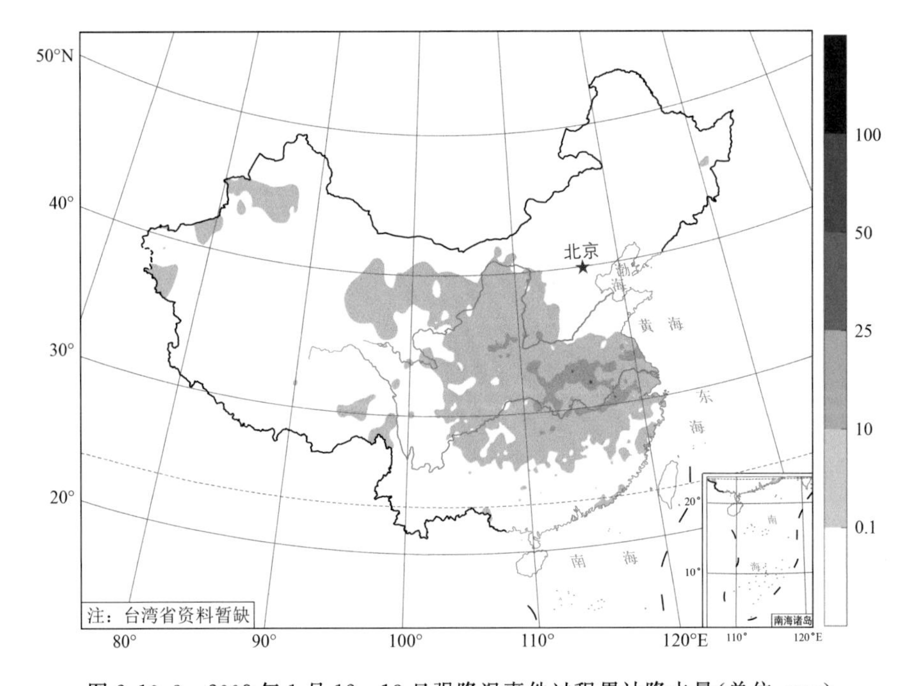

图 2.10.3 2008 年 1 月 12—13 日强降温事件过程累计降水量(单位：mm)

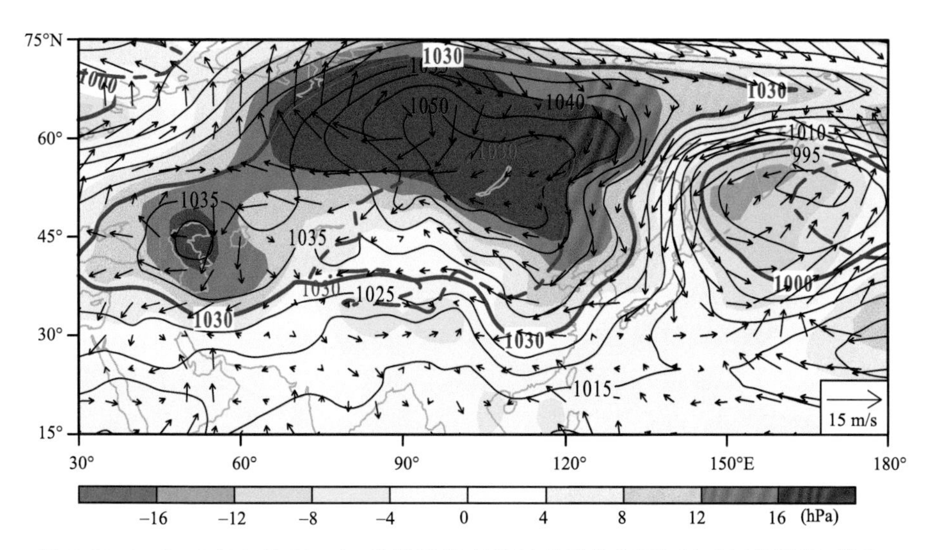

图2.10.4　2008年1月12—13日强降温事件过程平均海平面气压(等值线,单位:hPa)和距平(阴影,单位:hPa)及850 hPa水平风场距平(箭头,单位:m/s)。图中粗等值线分别对应1000 hPa和1030 hPa海平面气压值。实线为本次过程,虚线为气候态

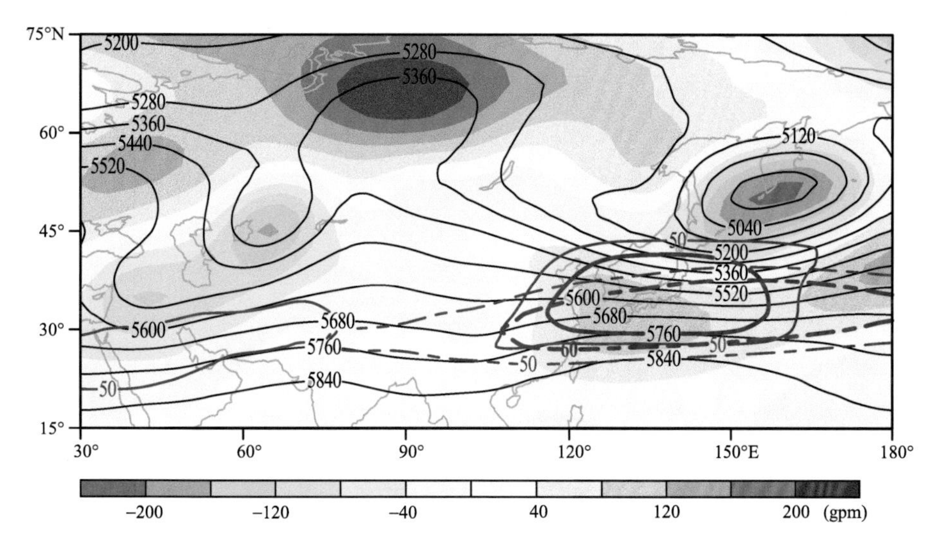

图2.10.5　2008年1月12—13日强降温事件过程平均500 hPa位势高度(黑色细等值线,单位:gpm)和位势高度距平(阴影,单位:gpm)及200 hPa纬向风速(蓝色粗等值线,仅给出50 m/s和60 m/s纬向风速)。实线为本次过程,虚线为气候态

事件11 2008年2月23—26日极端强降温过程

2008年2月，全国平均气温为−3.82 ℃，较常年同期偏低1.59 ℃。除东北中北部外，我国其余地区气温均较常年同期明显偏低，其中新疆南部、西北、内蒙古中西部、华南、西南地区东南部偏低4 ℃以上（图略）。

2月23—26日的强降温过程造成新疆、西北、内蒙古大部、东北、华北、江淮、江南中西部、华南西部普遍降温8 ℃以上，其中新疆北部、内蒙古东北部降温在16 ℃以上。内蒙古牙克石市过程最大降温达21.2 ℃，为本次过程全国之最（图2.11.1）。单日最大降温发生在内蒙古根河市，2月23日日降温为14 ℃（图2.11.2）。本次过程新疆、西北地区东部、华北、黄淮、江淮、江汉、江南、西南、华南等地自西向东出现了明显雨雪和大风降温天气过程，其中西北地区东南部、华北西部、黄淮西部、江汉地区北部等地的部分地区出现中到大雪或雨夹雪，江南、华南等地出现了中到大雨或雨夹雪天气。长江中下游沿江及以南地区降水量在10～25 mm，湖南北部、江西北部及广东东部25～50 mm（图2.11.3）。需要指出的是，本次过程还造成南疆盆地和甘肃等地出现了沙尘天气。

本次强降温过程西伯利亚高压强度一般，略强于气候值，日标准化值最大值为0.6，同时阿留申低压强度也略强于其气候值。但500 hPa上环流异常特征较为明显，贝加尔湖为较强的高压脊，极涡分裂为两个中心，主中心位于乌拉尔山，鄂霍次克海为次中心，但较主中心更为偏南，加深了东亚槽（图2.11.4和图2.11.5）。

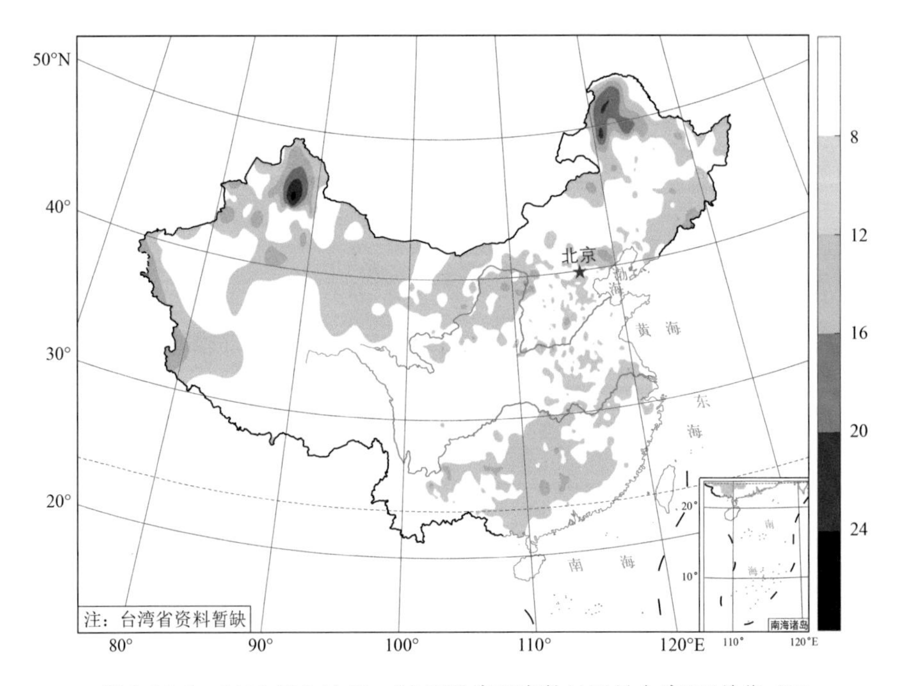

图2.11.1 2008年2月23—26日强降温事件过程最大降温（单位：℃）

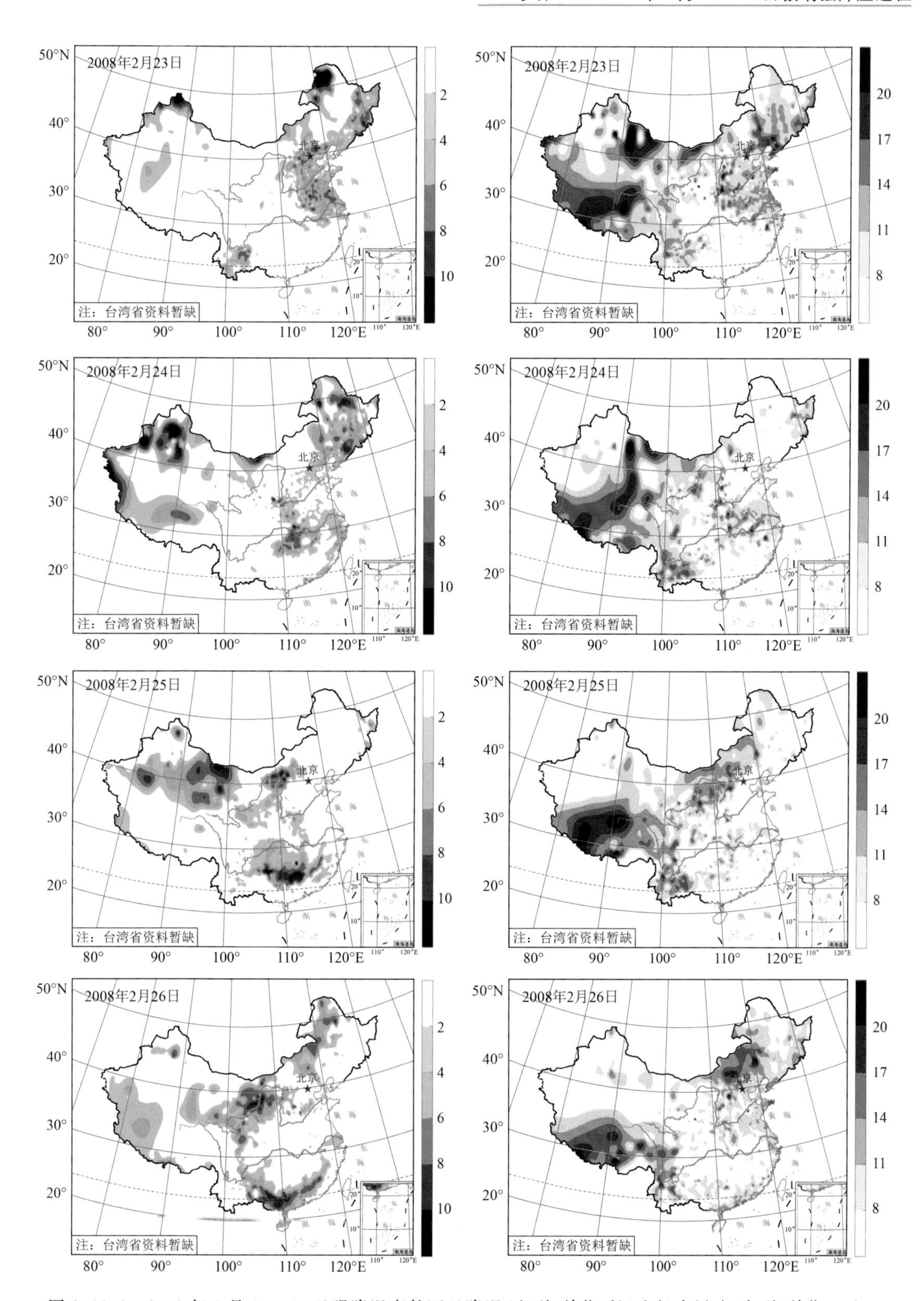

图2.11.2　2008年2月23—26日强降温事件逐日降温(左列,单位:℃)和极大风速(右列,单位:m/s)

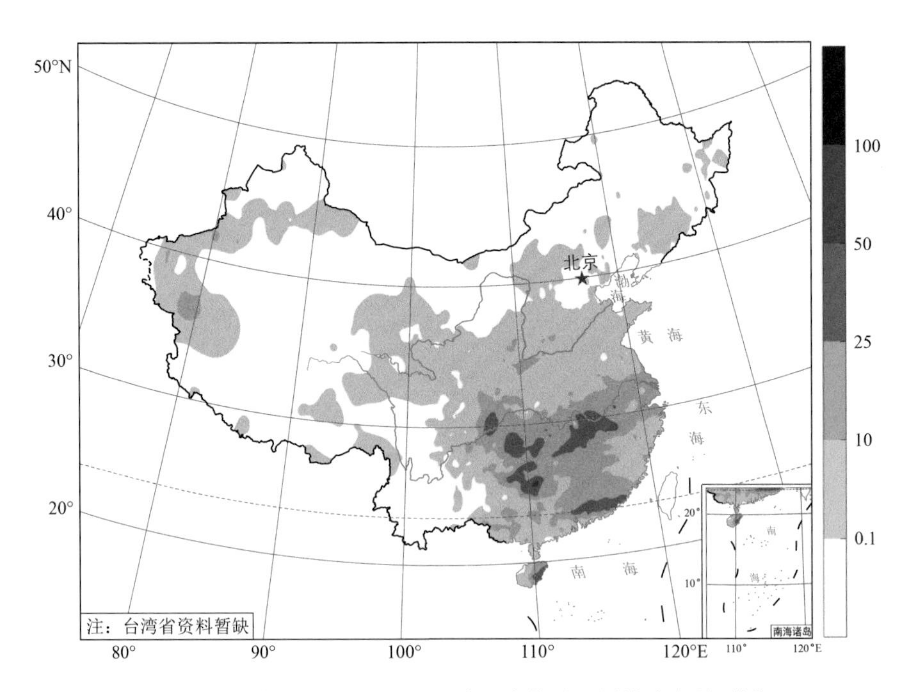

图 2.11.3 2008 年 2 月 23—26 日强降温事件过程累计降水量(单位:mm)

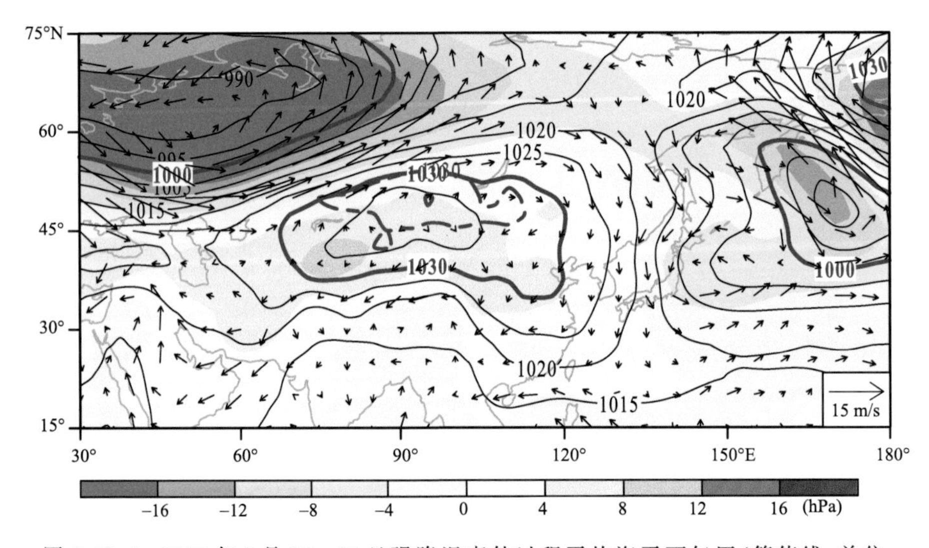

图 2.11.4 2008 年 2 月 23—26 日强降温事件过程平均海平面气压(等值线,单位:hPa)和距平(阴影,单位:hPa)及 850 hPa 水平风场距平(箭头,单位:m/s)。图中粗等值线分别对应 1000 hPa 和 1030 hPa 海平面气压值。实线为本次过程,虚线为气候态

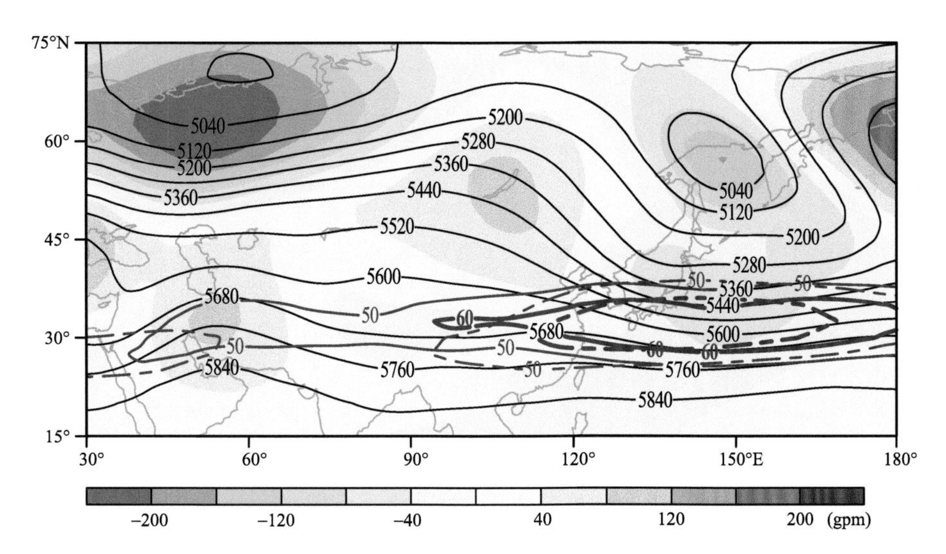

图 2.11.5　2008 年 2 月 23—26 日强降温事件过程平均 500 hPa 位势高度(黑色细等值线,单位:gpm)和位势高度距平(阴影,单位:gpm)及 200 hPa 纬向风速(蓝色粗等值线,仅给出 50 m/s 和 60 m/s 纬向风速)。实线为本次过程,虚线为气候态

事件12 2008年12月3—5日极端强降温过程

2008年12月，全国平均气温为－2.28 ℃，较常年同期偏高0.7 ℃。月平均气温偏低的区域主要位于内蒙古中部和东北部、华北西部、江南东部、华南、云南和新疆北部，其余大部分地区接近常年同期或偏高（图略）。

12月3—5日的寒潮过程造成北方大部分地区普遍降温8 ℃以上，其中内蒙古中西部和东北地区降温在16 ℃以上。吉林罗子沟过程最大降温达22.6 ℃，为本次过程全国之最（图2.12.1）。单日最大降温发生在新疆奇台，12月3日日降温为15.3 ℃（图2.12.2）。本次强降温过程造成我国大部分地区出现6级以上的大风天气，但雨雪量不大。东北及新疆北部、甘肃、内蒙古东北部、山东半岛等地出现小到中雪，局部地区出现大到暴雪（图2.12.3）。

本次强降温过程西伯利亚高压强度较强，中心值超过1045 hPa，其中3日和4日高压强度均超过气候值1.5个标准差。但阿留申低压西段强度较弱，为正距平。500 hPa上欧亚中高纬度为典型的两脊一槽分布，乌拉尔山和鄂霍次克海高压脊强大，中心距平值均超过200 gpm。同时我国东北地区上空为低槽，中心距平值小于－160 gpm，有利于极区冷空气直接南下。本次过程200 hPa西风急流主中心偏西，强度正常（图2.12.4和图2.12.5）。

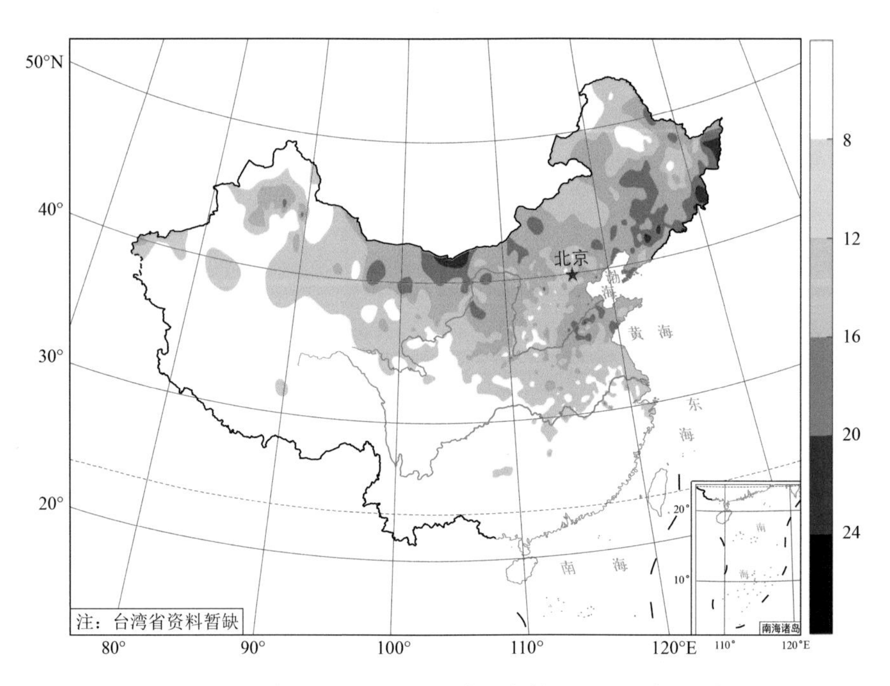

图2.12.1 2008年12月3—5日强降温事件过程最大降温（单位：℃）

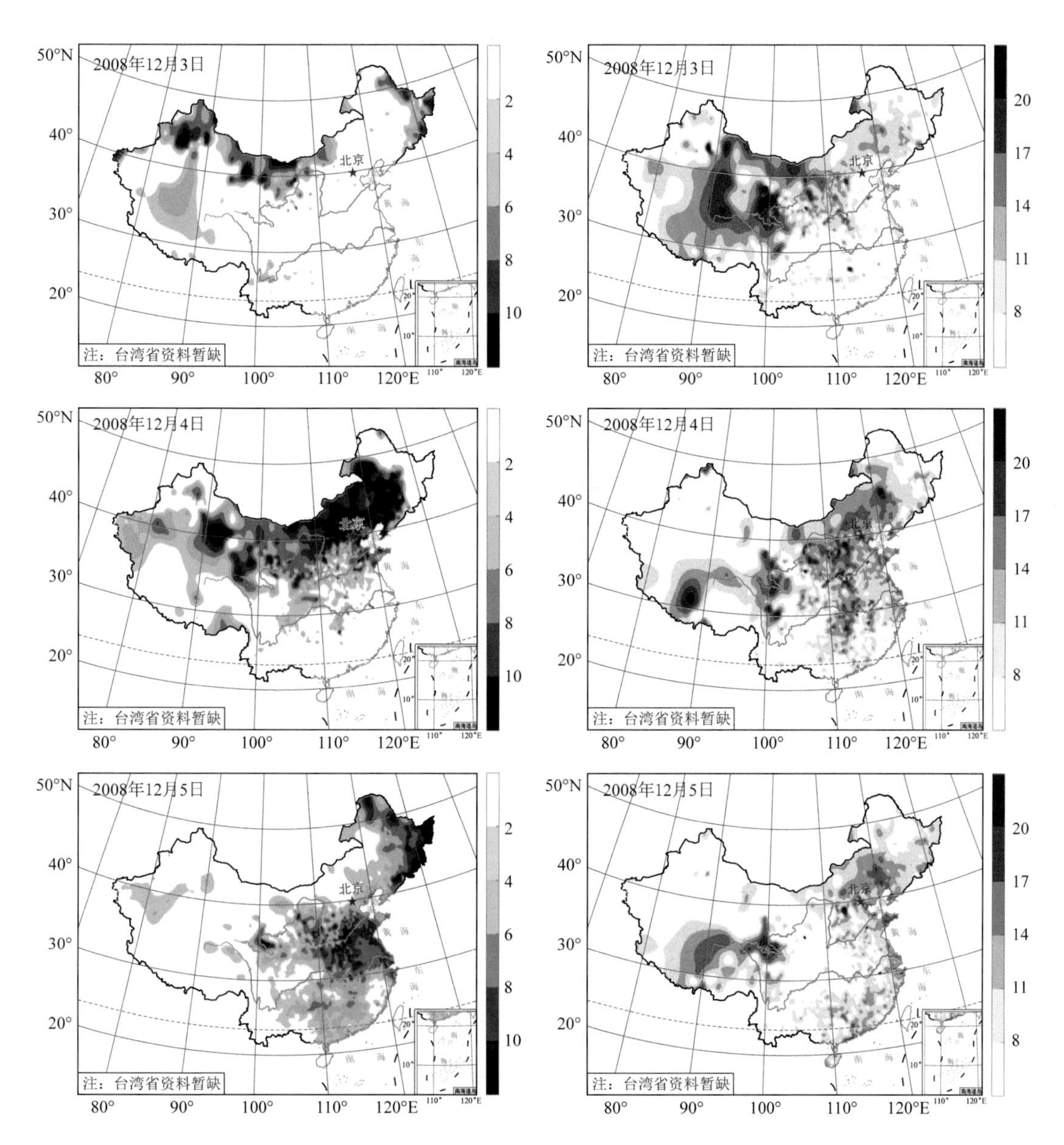

图 2.12.2　2008 年 12 月 3—5 日强降温事件逐日降温(左列,单位:℃)和极大风速(右列,单位:m/s)

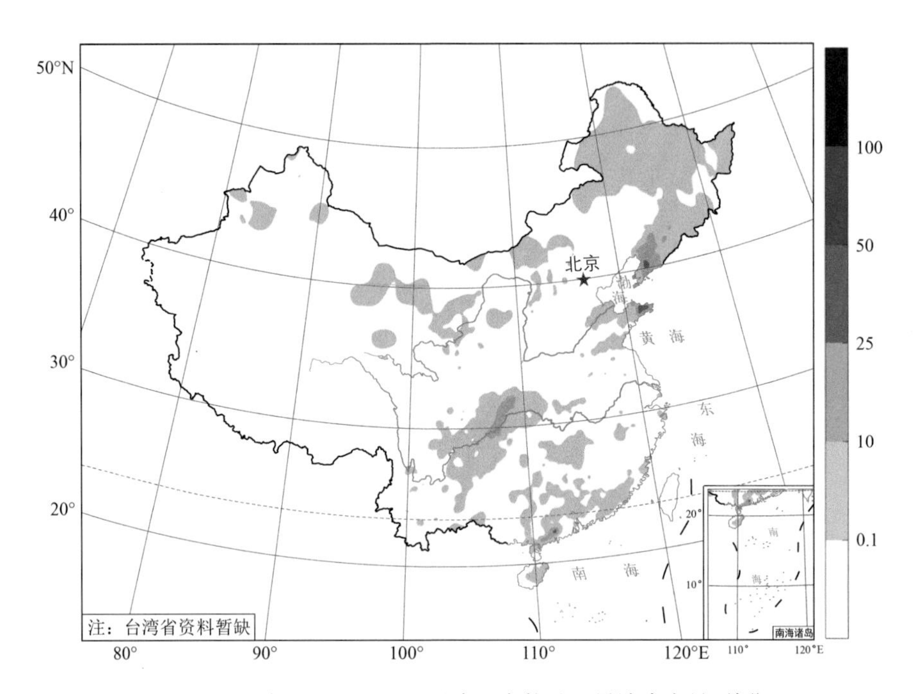

图 2.12.3 2008 年 12 月 3—5 日强降温事件过程累计降水量(单位:mm)

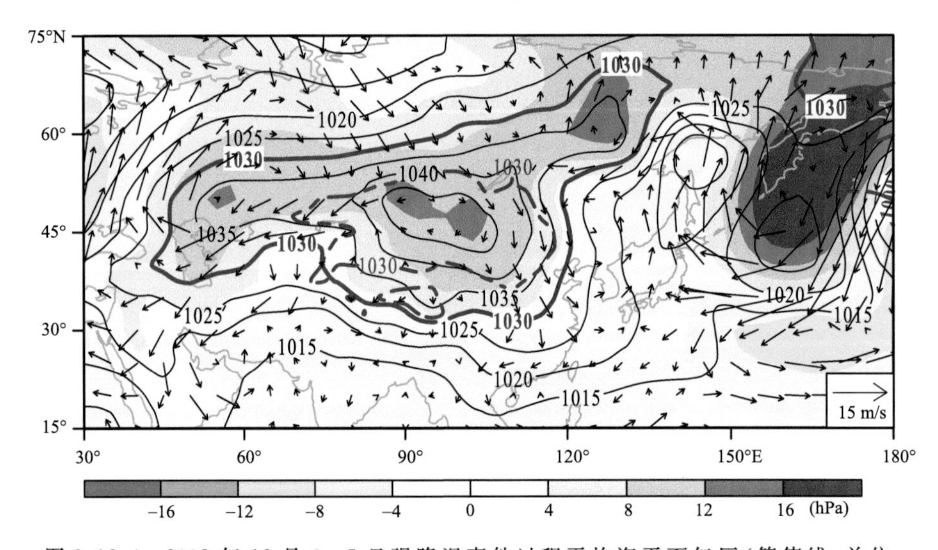

图 2.12.4 2008 年 12 月 3—5 日强降温事件过程平均海平面气压(等值线,单位:hPa)和距平(阴影,单位:hPa)及 850 hPa 水平风场距平(箭头,单位:m/s)。图中粗等值线分别对应 1000 hPa 和 1030 hPa 海平面气压值。实线为本次过程,虚线为气候态

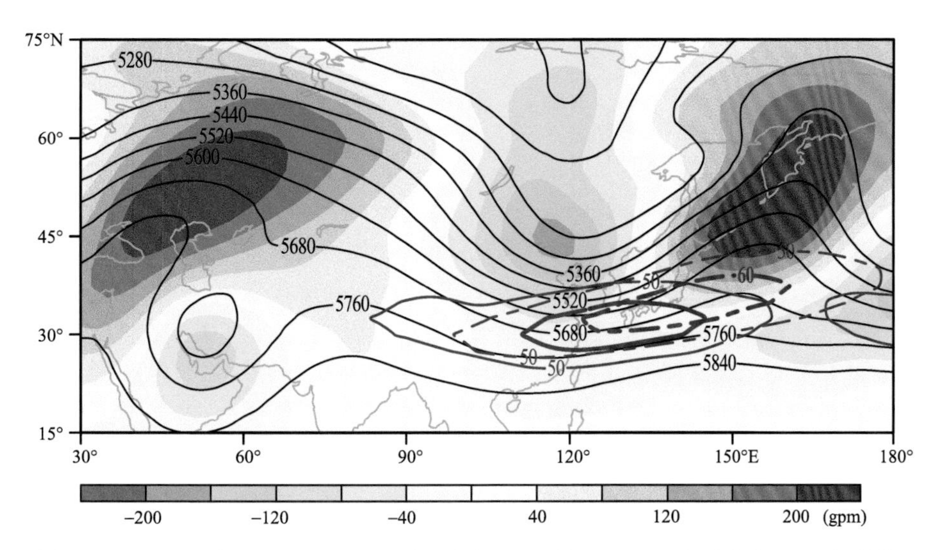

图 2.12.5　2008 年 12 月 3—5 日强降温事件过程平均 500 hPa 位势高度(黑色细等值线,单位:gpm)和位势高度距平(阴影,单位:gpm)及 200 hPa 纬向风速(蓝色粗等值线,仅给出 50 m/s 和 60 m/s 纬向风速)。实线为本次过程,虚线为气候态

事件13 2008年12月20—22日极端强降温过程

2008年12月气温距平分布在前一次过程已有说明，这里不再重复。

和2008年12月初过程相比，20—22日的强降温过程路径偏东，造成西北地区东部、内蒙古、东北、华北、黄淮、江淮、江汉、江南普遍降温8 ℃以上，其中内蒙古中西部和西北地区东部等地降温在16 ℃以上。湖南南岳过程最大降温达22.6 ℃，为本次过程全国之最（图2.13.1）。单日最大降温发生在江西庐山，12月21日日降温为18.9 ℃（图2.13.2）。强冷空气给东部地区带来大范围大风天气，并造成天津、河北北部、山东半岛、湖北西部等地出现大到暴雪，贵州、湖南、广西的部分地区出现冻雨。与12月初的强降温相比，此次过程北方降温幅度和影响范围均偏小，但南方降温幅度和影响范围更大（图2.13.3）。

本次过程的地面气压场分布和月初过程有相似之处。西伯利亚高压强度较强，中心值超过1045 hPa，其中20日和21日标准化值均超过1，但阿留申低压较弱，西段为正气压距平。500 hPa上欧亚中高纬度亦为两脊一槽型分布，但槽脊中心和月初相比偏东偏北。东亚槽地区为正距平，强度弱。200 hPa副热带西风急流偏北（图2.13.4和图2.13.5）。

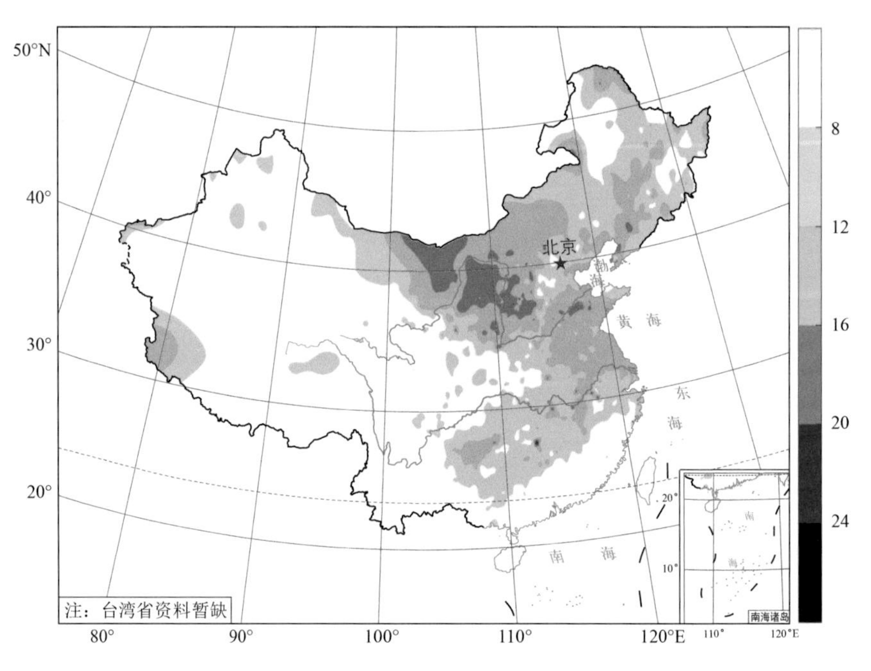

图2.13.1 2008年12月20—22日强降温事件过程最大降温（单位：℃）

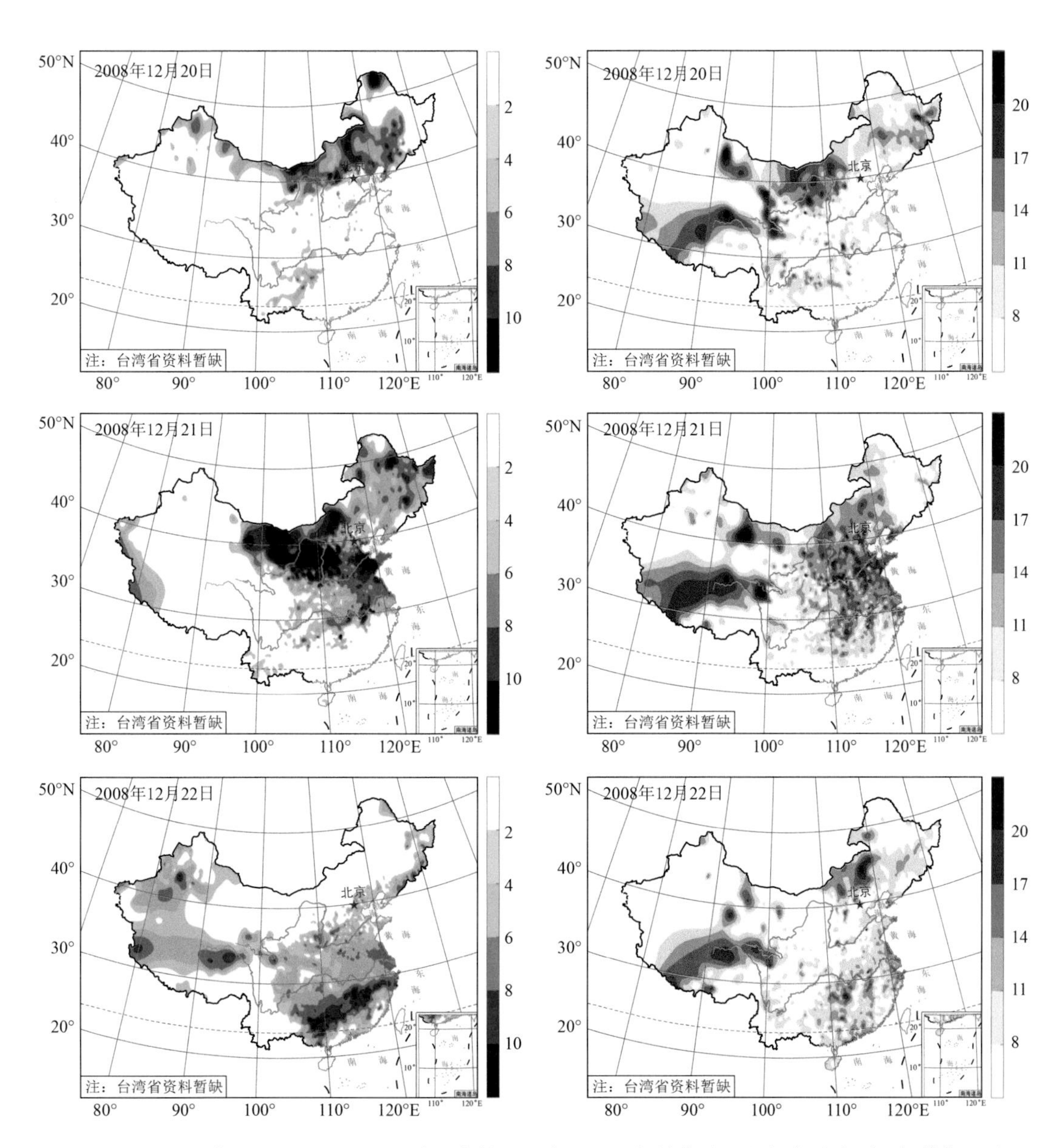

图 2.13.2　2008 年 12 月 20—22 日强降温事件逐日降温(左列，单位：℃)和极大风速(右列，单位：m/s)

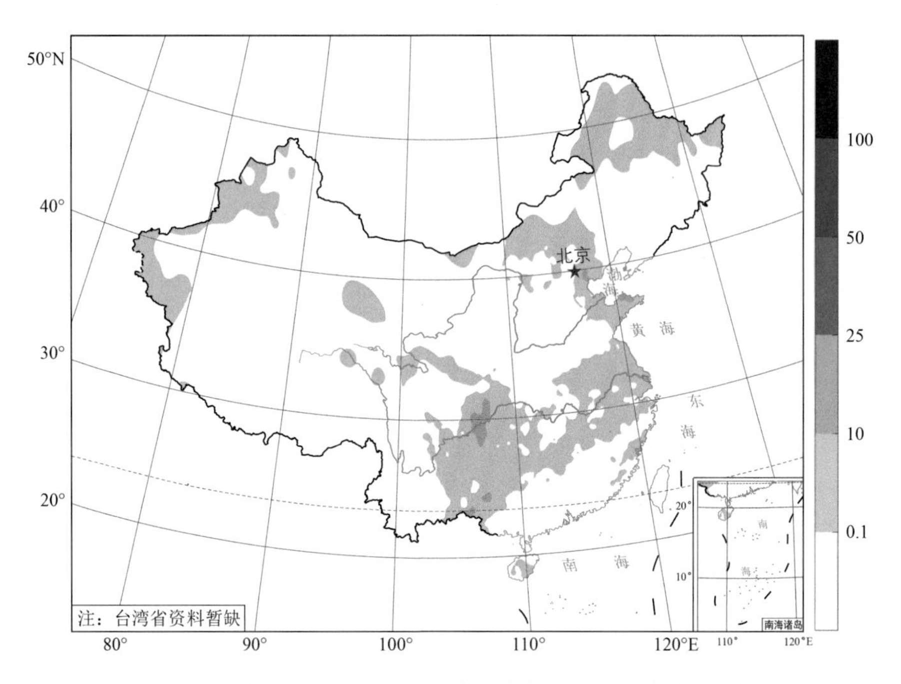

图 2.13.3　2008 年 12 月 20—22 日强降温事件过程累计降水量(单位:mm)

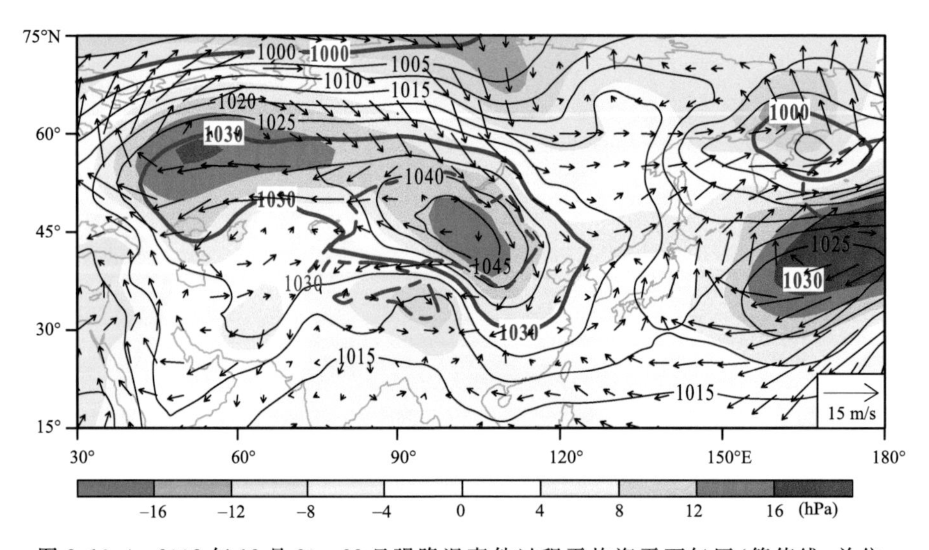

图 2.13.4　2008 年 12 月 20—22 日强降温事件过程平均海平面气压(等值线,单位:hPa)和距平(阴影,单位:hPa)及 850 hPa 水平风场距平(箭头,单位:m/s)。图中粗等值线分别对应 1000 hPa 和 1030 hPa 海平面气压值。实线为本次过程,虚线为气候态

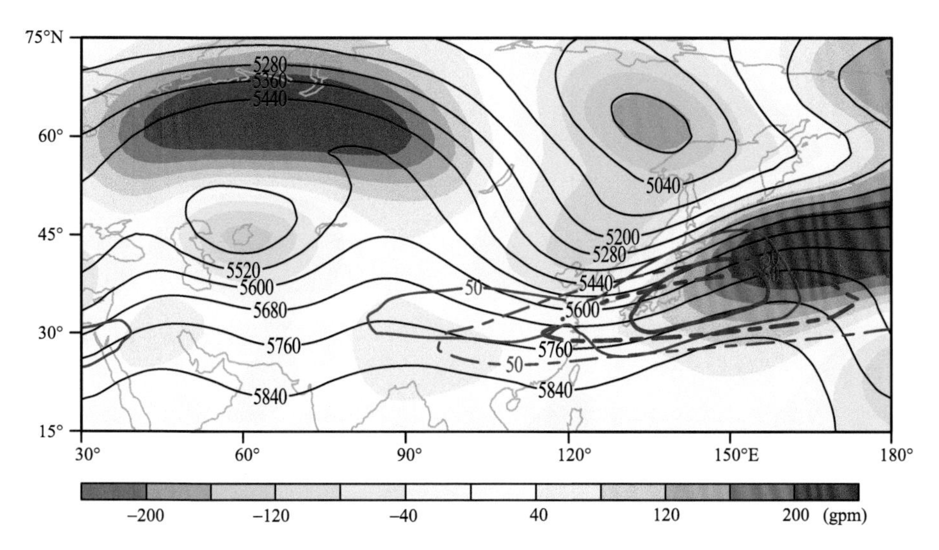

图 2.13.5　2008 年 12 月 20—22 日强降温事件过程平均 500 hPa 位势高度(黑色细等值线,单位:gpm)和位势高度距平(阴影,单位:gpm)及 200 hPa 纬向风速(蓝色粗等值线,仅给出 50 m/s 和 60 m/s 纬向风速)。实线为本次过程,虚线为气候态

事件14　2009年1月22—24日极端强降温过程

2009年1月，全国平均气温为－4.24 ℃，较常年同期偏高0.58 ℃。月平均气温偏低的区域主要位于内蒙古西部和东部及淮河以南地区，其中江南东部、华南东部及云南东部气温距平不及－2 ℃（图略）。

1月22—24日的寒潮过程造成新疆北部、西北地区东部、内蒙古中部和西部、东北东部、华北、黄淮、江淮、江汉、江南中东部、华南中东部普遍降温8 ℃以上，其中内蒙古中部、西北地区东部降温在20 ℃以上。山西宁武过程最大降温达23.8 ℃，为本次过程全国之最（图2.14.1）。单日最大降温也发生在山西宁武，1月22日日降温为20.2 ℃。西北东部、华北大部、黄淮中东部及内蒙古中西部、吉林东部、辽宁东部等地伴有5～6级大风，新疆、山西、河南等地的局部地区还出现了扬沙天气（图2.14.2）。本次过程的雨雪较弱，主要位于东北地区和江南、华南等地，累计雨量不及10 mm（图2.14.3）。

本次强降温过程西伯利亚高压强度较强，其中22日达到1046 hPa，超气候值两个标准差，同时在我国东北东部至日本海为气压负距平中心，日本以东的西太平洋为另一较强的正气压距平中心，这样的气压分布型非常有利于加大气压梯度，西伯利亚高压东侧形态更接近南北向，导致北风南下。这样的海平面气压分布和对流层中层环流异常密切相关。地面两个气压正距平中心和一个负距平中心的西部分别对应500 hPa两个高压脊和一个低涡中心，尤其是低涡中心距平低于－200 gpm（图2.14.4和图2.14.5）。

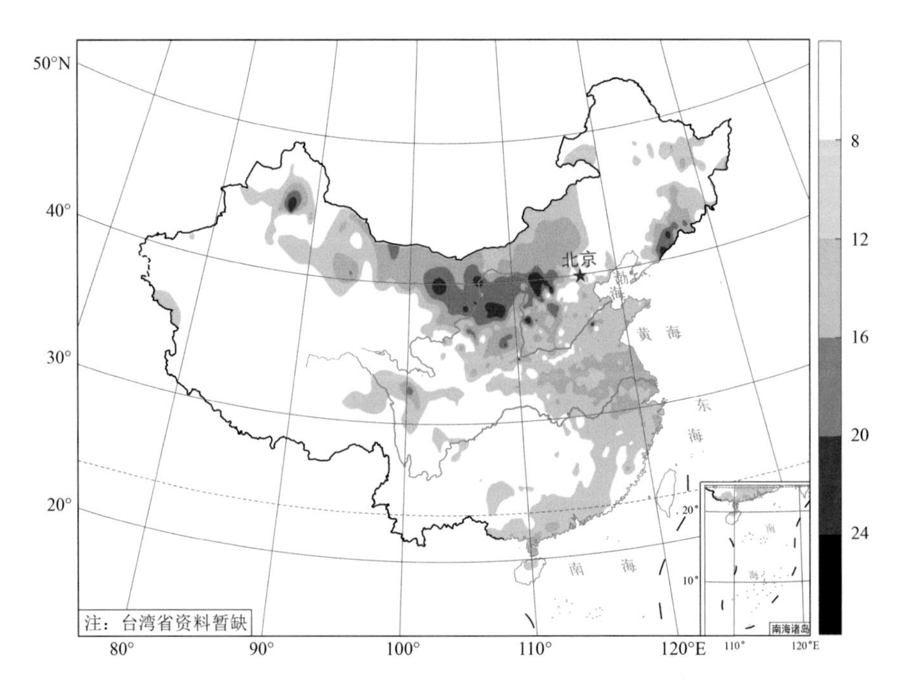

图2.14.1　2009年1月22—24日强降温事件过程最大降温（单位：℃）

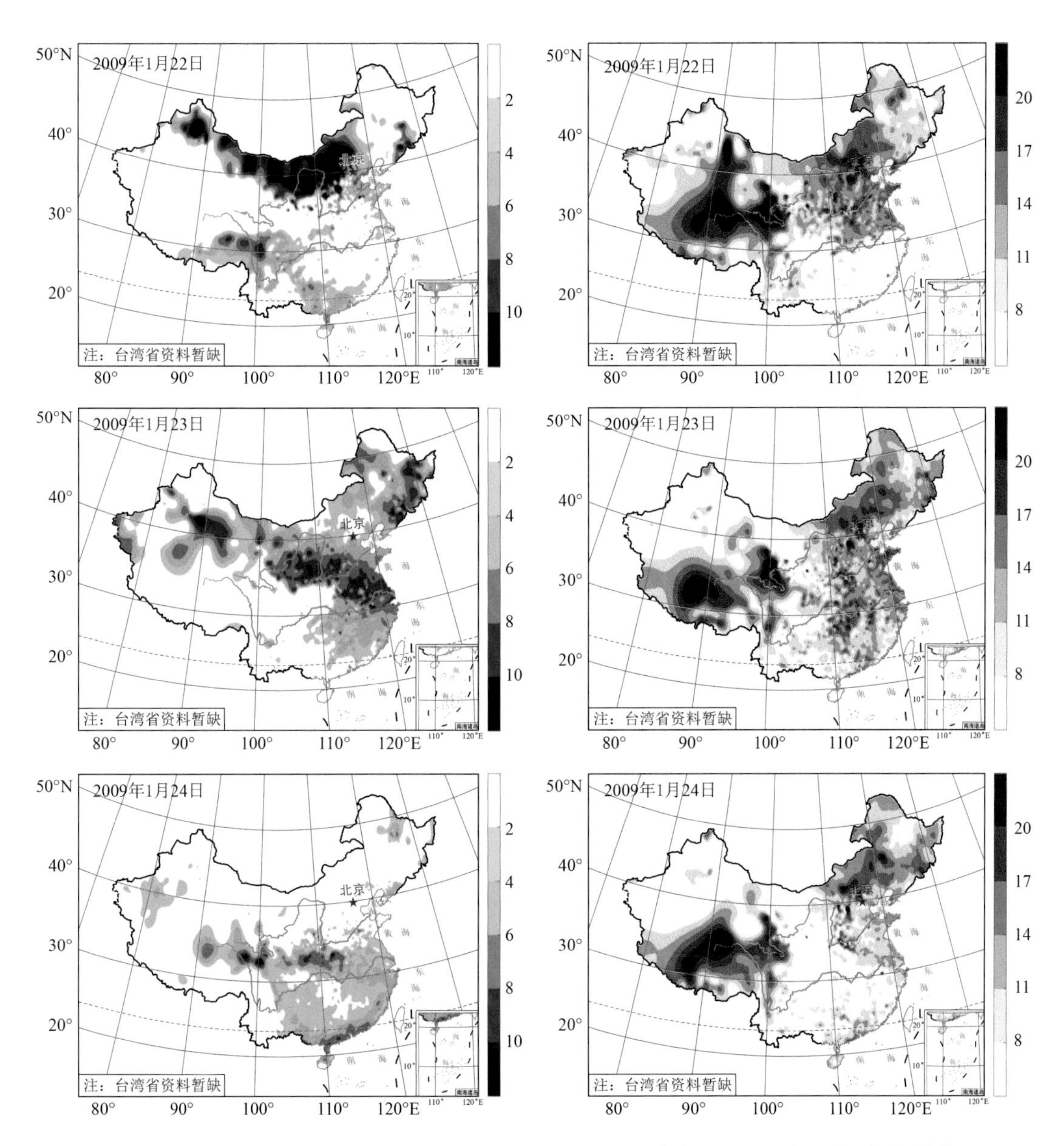

图 2.14.2　2009 年 1 月 22—24 日强降温事件逐日降温(左列,单位:℃)和极大风速(右列,单位:m/s)

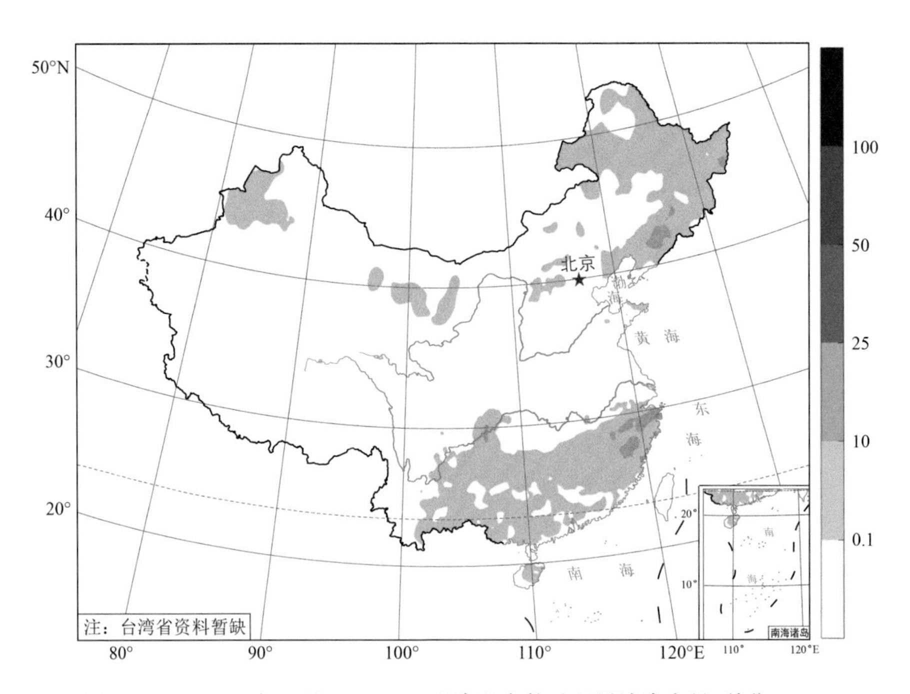

图 2.14.3　2009 年 1 月 22—24 日强降温事件过程累计降水量(单位:mm)

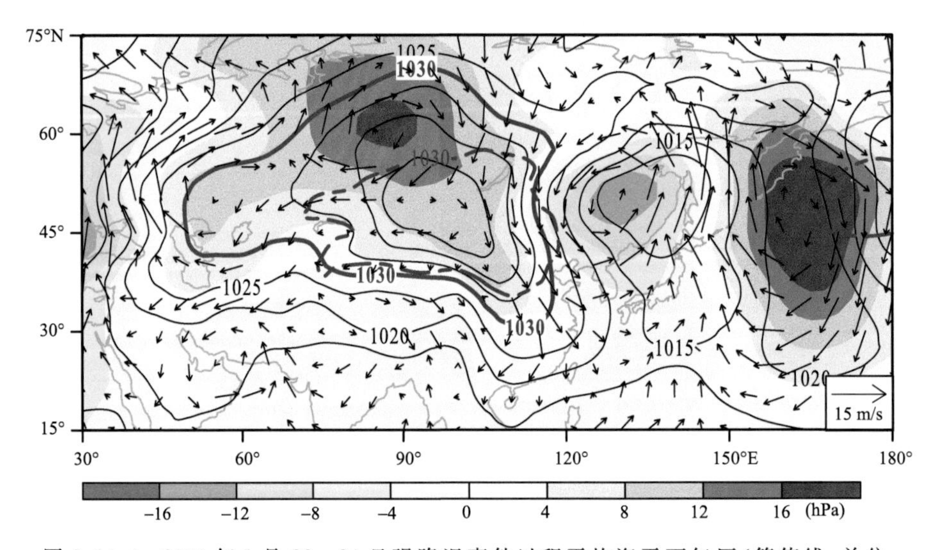

图 2.14.4　2009 年 1 月 22—24 日强降温事件过程平均海平面气压(等值线,单位:hPa)和距平(阴影,单位:hPa)及 850 hPa 水平风场距平(箭头,单位:m/s)。图中粗等值线分别对应 1000 hPa 和 1030 hPa 海平面气压值。实线为本次过程,虚线为气候态

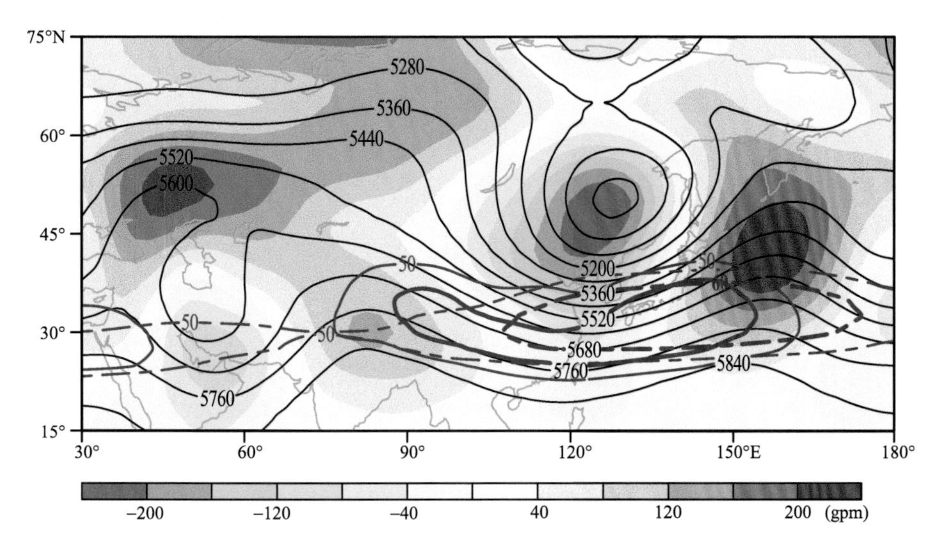

图 2.14.5　2009 年 1 月 22—24 日强降温事件过程平均 500 hPa 位势高度(黑色细等值线,单位:gpm)和位势高度距平(阴影,单位:gpm)及 200 hPa 纬向风速(蓝色粗等值线,仅给出 50 m/s 和 60 m/s 纬向风速)。实线为本次过程,虚线为气候态

事件15 2010年1月19—23日极端强降温过程

2010年1月，全国平均气温为－4 ℃，较常年同期偏高0.82 ℃。月平均气温偏低的区域主要位于内蒙古中东部、东北大部、华北东部和黄淮，其中内蒙古中部、华北东部气温负距平不及－2 ℃以上(图略)。

1月19—23日的寒潮过程造成新疆、西北地区大部、内蒙古、东北、华北、黄淮、江淮、江南、华南普遍降温8 ℃以上，其中新疆北部、内蒙古中西部、东北南部降温在20 ℃以上。本次过程共有3个测站最大降温幅度达到或超过25 ℃，均在新疆，其中蔡家湖过程最大降温达27.6 ℃，为本次过程全国之最(图2.15.1)。单日最大降温也发生在蔡家湖，1月20日日降温为20.1 ℃。降温区普遍伴有4～6级偏北风(图2.15.2)。此次强降温过程造成的雨雪区域大、局地降水强，湖南南部、广西大部、广东北部降水量有50～100 mm，广西南部和广东西北部在100 mm以上(图2.15.3)。

本次过程近地面和对流层中层的环流在欧亚中高纬度均呈西高东低型。地面场上，巴伦支海、新地岛及以东均为强大的高气压并向东南方向延伸，西伯利亚高压强度强，19—21日强度均在1045 hPa以上，且前两日较气候态超过2个标准差。500 hPa，90°E以西的高纬度地区为高压脊，高压中心距平值超过200 gpm，而在拉普捷夫海附近则为强大的极涡中心，中心距平值低于－200 gpm。200 hPa西风急流主中心位置较气候态偏西(图2.15.4和图2.15.5)。

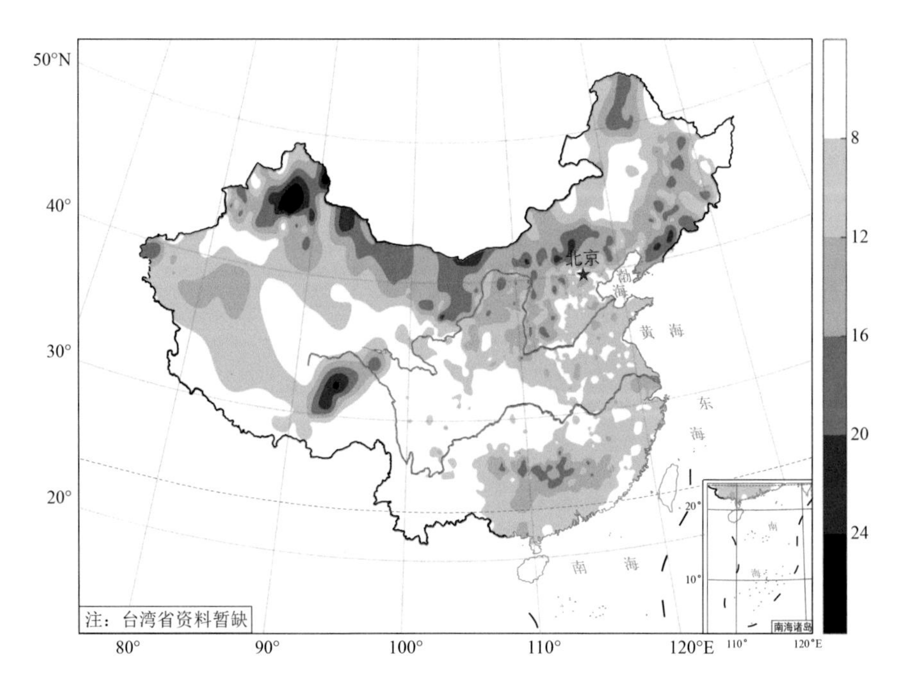

图2.15.1 2010年1月19—23日强降温事件过程最大降温(单位：℃)

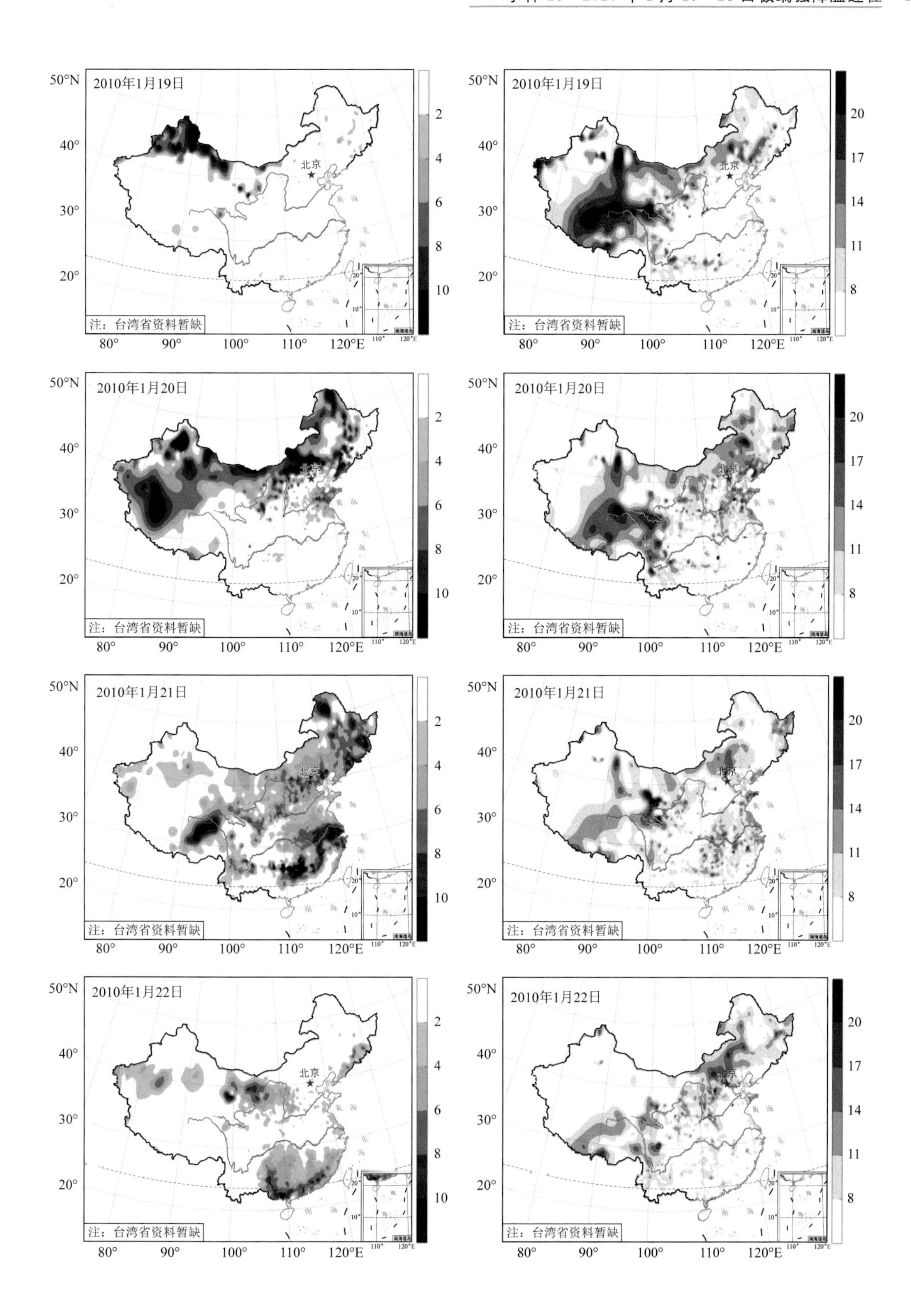
2010年1月19日
2010年1月20日
2010年1月21日
2010年1月22日
北京
注：台湾省资料暂缺
50°N
40°
30°
20°
80°
90°
100°
110°
120°E
2
4
6
8
10
20
17
14
11
8

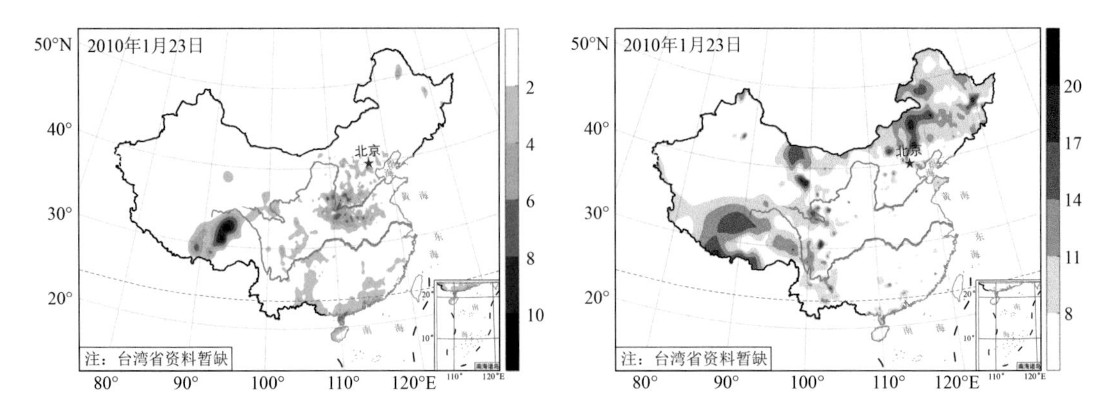

图 2.15.2　2010 年 1 月 19—23 日强降温事件逐日降温(左列,单位:℃)和极大风速(右列,单位:m/s)

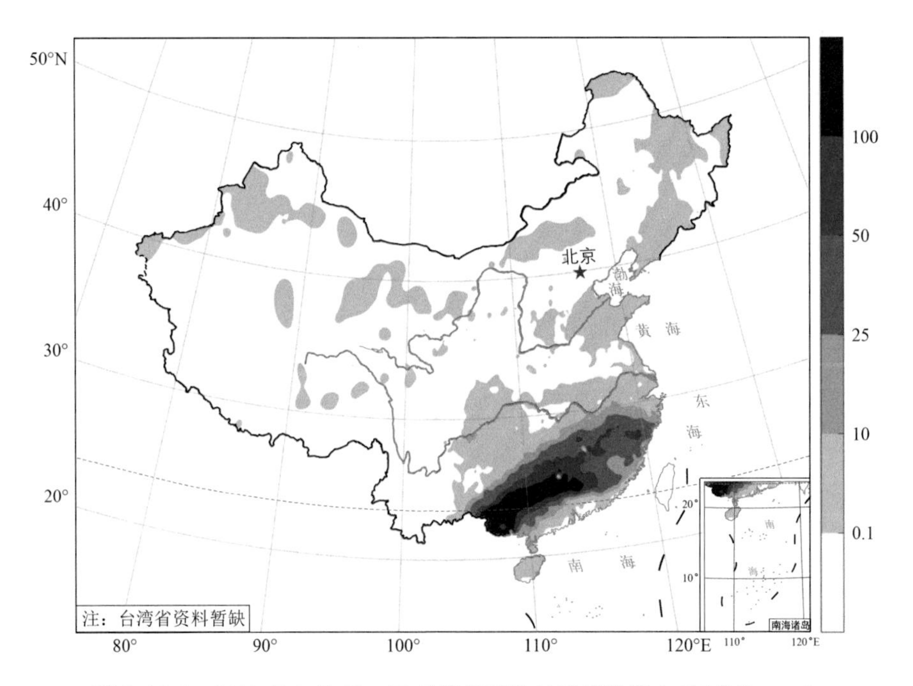

图 2.15.3　2010 年 1 月 19—23 日降温事件过程累计降水量(单位:mm)

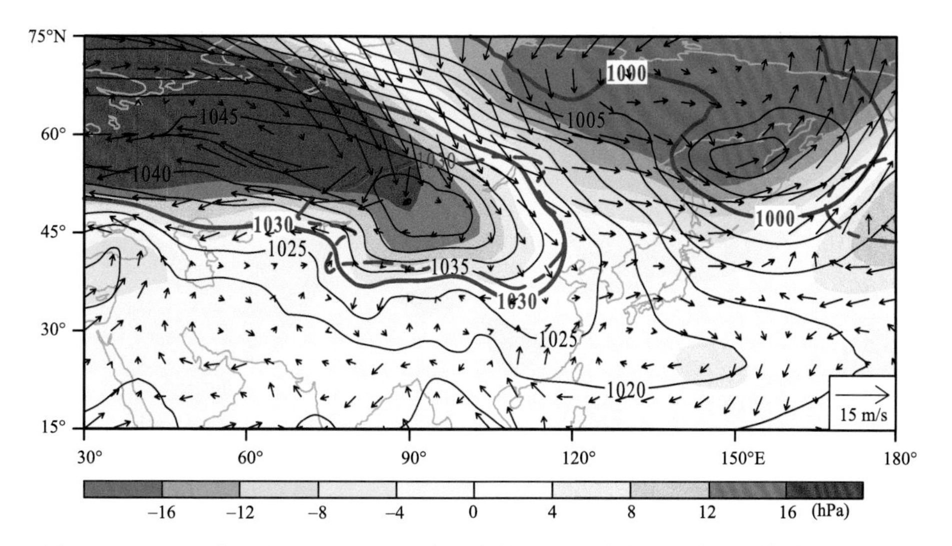

图2.15.4　2010年1月19—23日强降温事件过程平均海平面气压(等值线,单位:hPa)和距平(阴影,单位:hPa)及850 hPa水平风场距平(箭头,单位:m/s)。图中粗等值线分别对应1000 hPa和1030 hPa海平面气压值。实线为本次过程,虚线为气候态

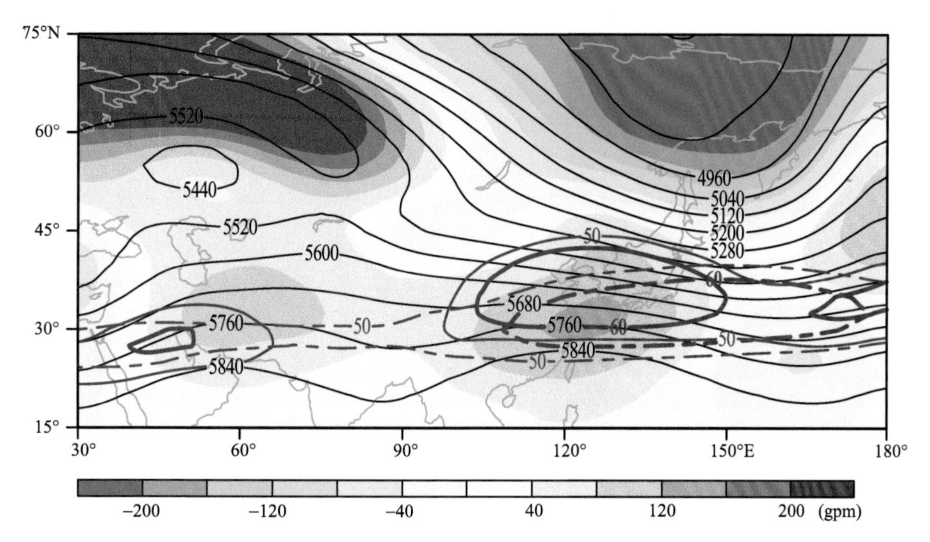

图2.15.5　2010年1月19—23日强降温事件过程平均500 hPa位势高度(黑色细等值线,单位:gpm)和位势高度距平(阴影,单位:gpm)及200 hPa纬向风速(蓝色粗等值线,仅给出50 m/s和60 m/s纬向风速)。实线为本次过程,虚线为气候态

事件16　2010年2月9—12日极端强降温事件

2010年2月，全国平均气温为−1.57 ℃，较常年同期偏低0.31 ℃。月平均气温偏低的区域主要位于新疆北部、内蒙古大部、东北、华北东部、黄淮等地，其中新疆北部、黑龙江西部偏低4 ℃ 以上(图略)。

2月9—12日的寒潮过程造成全国大部分地区普遍降温8 ℃以上，其中西北地区东部、东北东部、江南南部降温在20 ℃以上。吉林通化过程最大降温达25.1 ℃，为本次过程全国之最(图2.16.1)。单日最大降温发生在湖南蓝山，2月11日日降温为23.1 ℃(图2.16.2)。本次强降温过程的大风天气主要集中在我国北方地区，但雨雪范围较广。江淮、黄淮的累计降水量有25～50 mm，黄淮南部、江淮东部降水量有25～50 mm，江苏有4站降水量超过100 mm(图2.16.3)。

本次过程西伯利亚高压异常强大，9—12日强度指数标准化值分别为2.0、2.8、2.5和1.8，这和500 hPa层上乌拉尔山地区高压脊向极区异常伸展有关。高压中心距平值超过200 gpm。但阿留申低压强度正常，东亚槽区则为正位势高度距平，槽强度偏弱(图2.16.4和图2.16.5)。

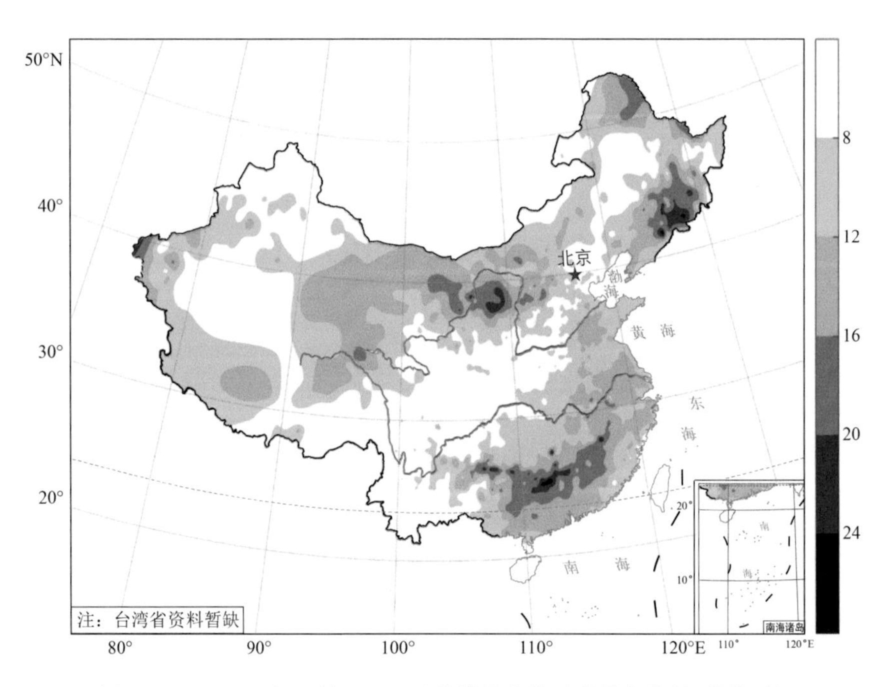

图2.16.1　2010年2月9—12日强降温事件过程最大降温(单位：℃)

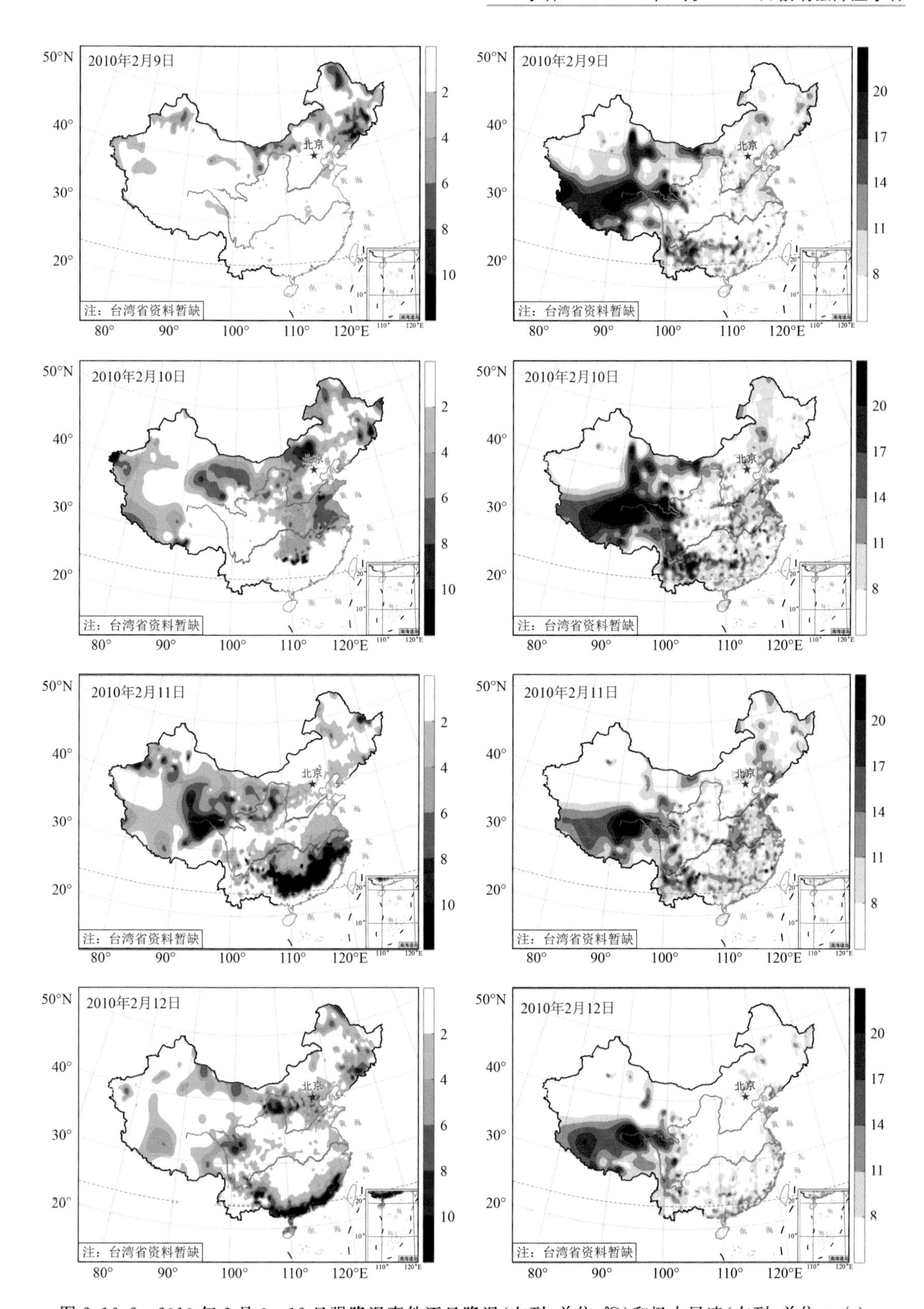

图 2.16.2　2010 年 2 月 9—12 日强降温事件逐日降温(左列,单位:℃)和极大风速(右列,单位:m/s)

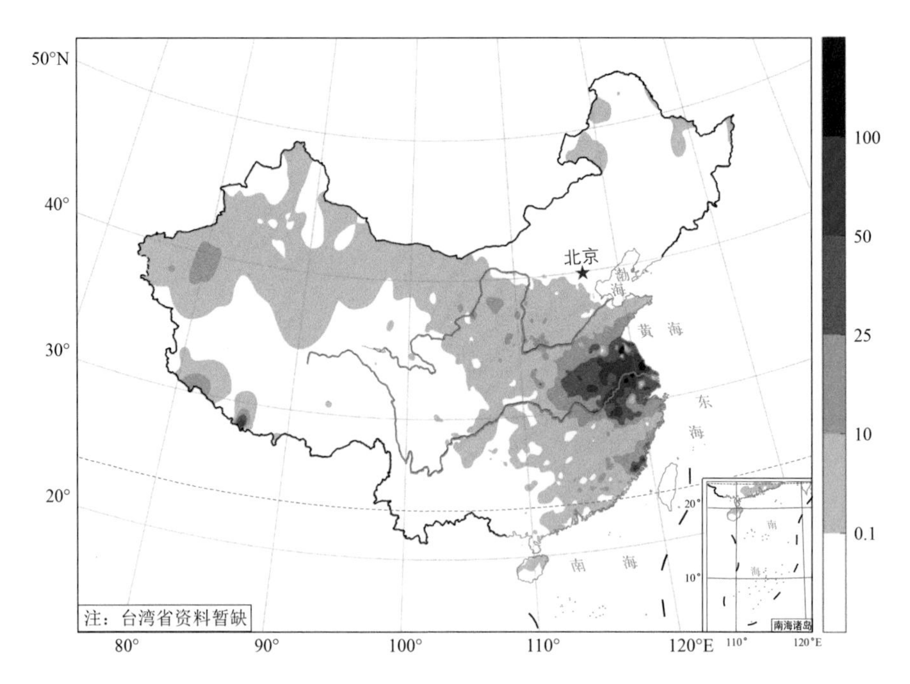

图 2.16.3 2010 年 2 月 9—12 日强降温事件过程累计降水量(单位:mm)

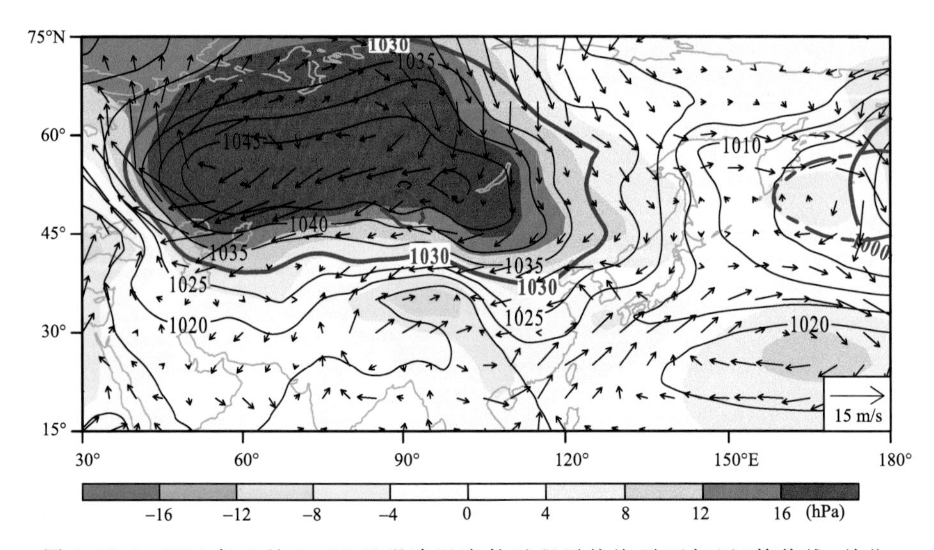

图 2.16.4 2010 年 2 月 9—12 日强降温事件过程平均海平面气压(等值线,单位:hPa)和距平(阴影,单位:hPa)及 850 hPa 水平风场距平(箭头,单位:m/s)。图中粗等值线分别对应 1000 hPa 和 1030 hPa 海平面气压值。实线为本次过程,虚线为气候态

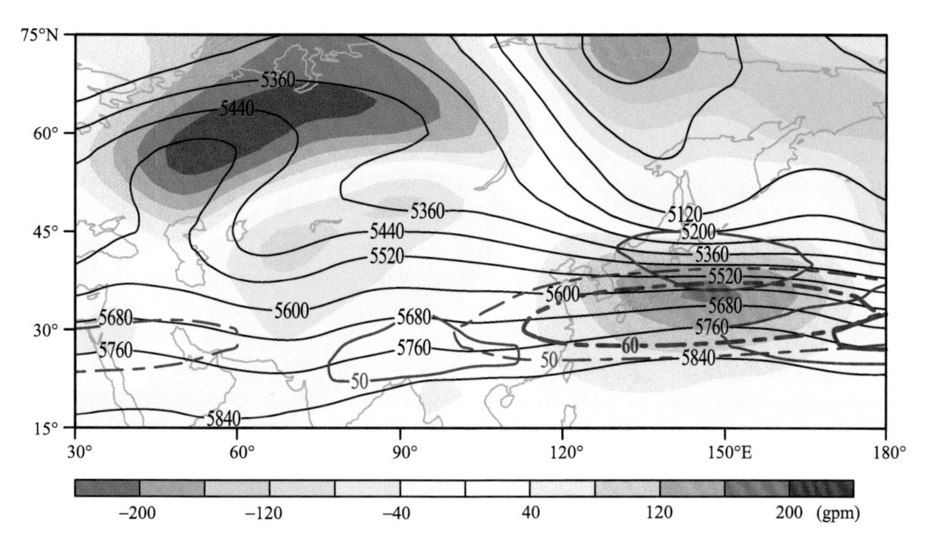

图 2.16.5　2010 年 2 月 9—12 日强降温事件过程平均 500 hPa 位势高度(黑色细等值线,单位:gpm)和位势高度距平(阴影,单位:gpm)及 200 hPa 纬向风速(蓝色粗等值线,仅给出 50 m/s 和 60 m/s 纬向风速)。实线为本次过程,虚线为气候态

事件17 2010年12月12—16日极端强降温过程

2010年12月，全国平均气温为-3.12 ℃，较常年同期偏低0.14 ℃。内蒙古东部和东北中部月气温负距平不及-2 ℃(图略)。

12月12—16日的寒潮过程造成全国大部普遍降温在8 ℃以上，其中东北地区东部、西南地区北部降温在16 ℃以上。四川壤塘过程最大降温达23.3 ℃，为本次过程全国之最(图2.17.1)。单日最大降温发生在青海沙珠玉，12月16日日降温为14 ℃(图2.17.2)。本次强降温给我国自北向南带来4～6级偏北风，甘肃西部、青海东部和中西部有扬沙和浮尘，内蒙古中部局地沙尘暴(张恒德 等，2011)。本次强降温过程的另一特点是给我国南方地区带来了极强降水天气。内蒙古东部和东北有中到大雪，江南和华南北部有50～100 mm降水，其中湖南南部、江西中部、福建北部和浙江西南部有100 mm以上降水，江西鹰潭降水量高达183.7 mm(图2.17.3)。

本次过程西伯利亚高压强度不是很强，仅13日和14日超过气候值1个标准差，但500 hPa图上，乌拉尔山和巴尔喀什湖以北为很强的高压脊，贝加尔湖以东则为很强的槽，鄂霍次克海以东则为另一更强的高压脊。这种环流形势加大了欧亚中高纬度环流的经向度(图2.17.4和图2.17.5)。

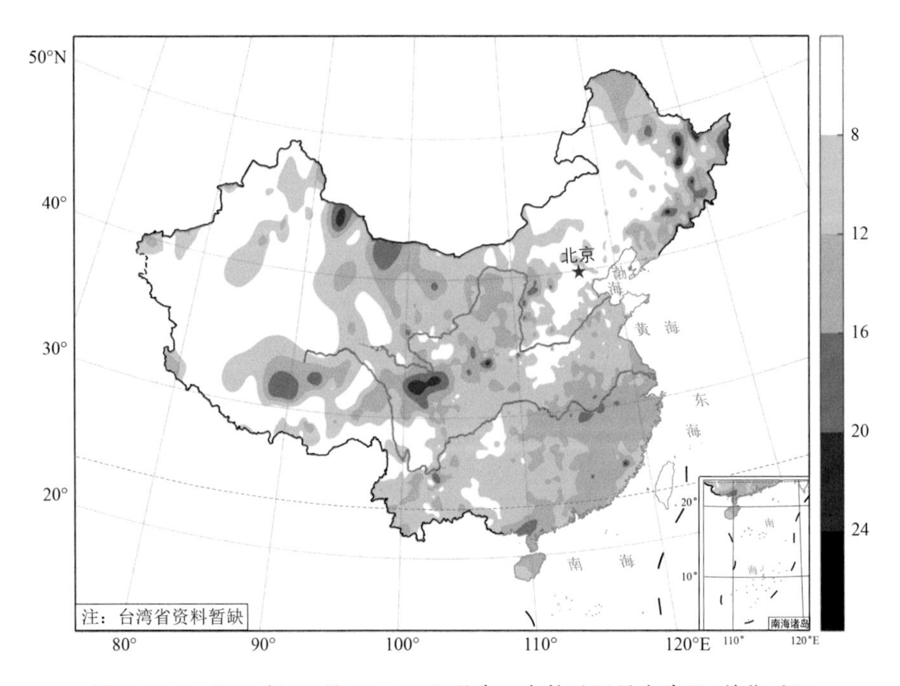

图2.17.1 2010年12月12—16日强降温事件过程最大降温(单位：℃)

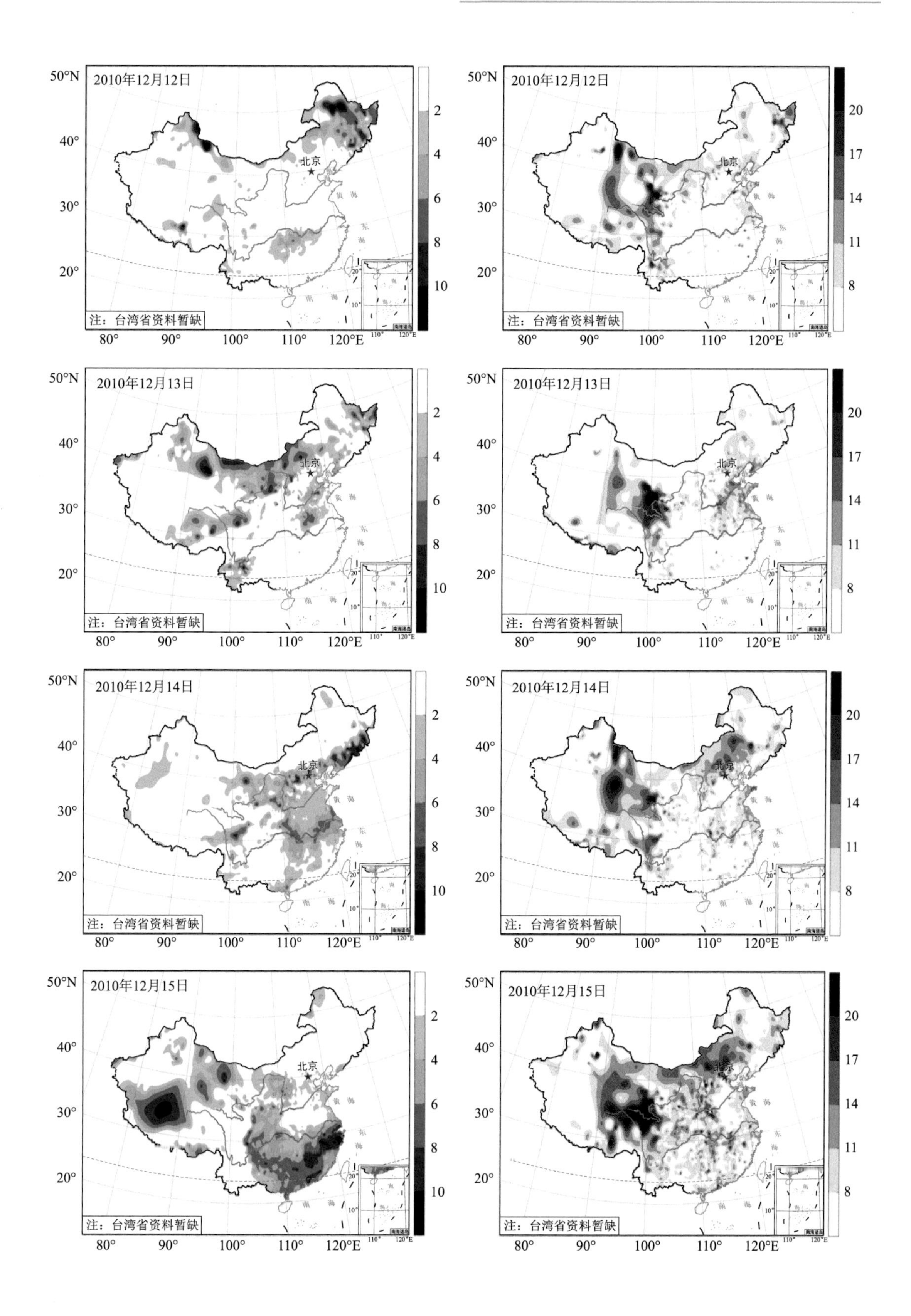
2010年12月12日
2010年12月13日
2010年12月14日
2010年12月15日
北京
注：台湾省资料暂缺
50°N
40°
30°
20°
80°
90°
100°
110°
120°E
2
4
6
8
10
20
17
14
11
8

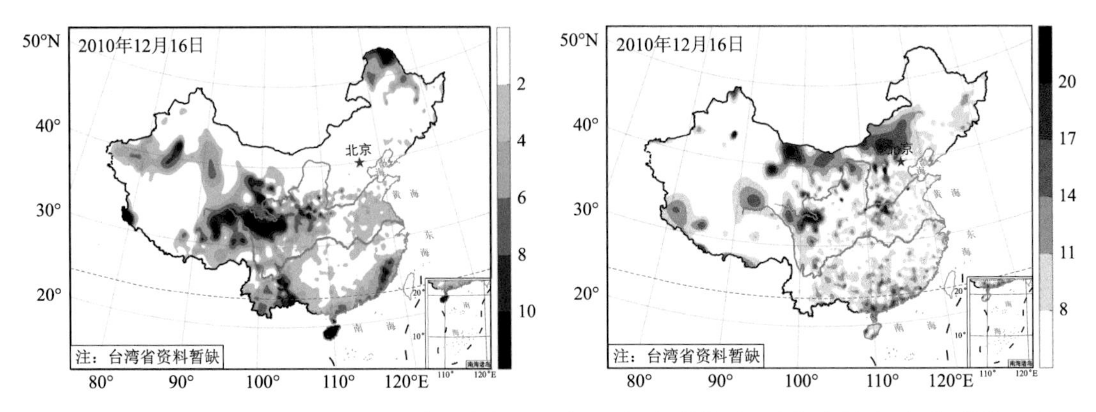

图 2.17.2 2010 年 12 月 12—16 日强降温事件逐日降温(左列,单位:℃)和极大风速(右列,单位:m/s)

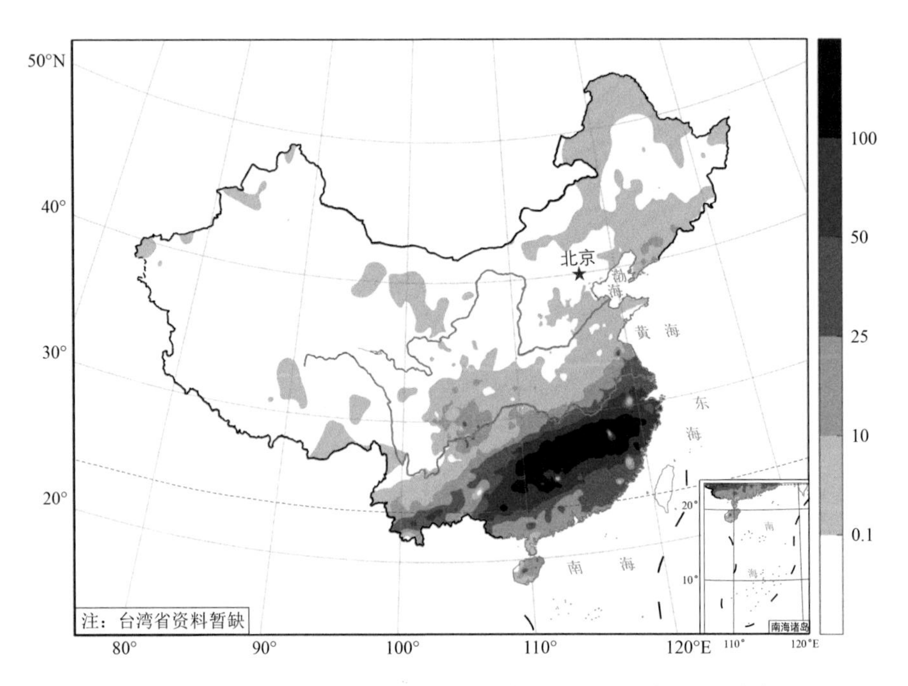

图 2.17.3 2010 年 12 月 12—16 日强降温事件过程累计降水量(单位:mm)

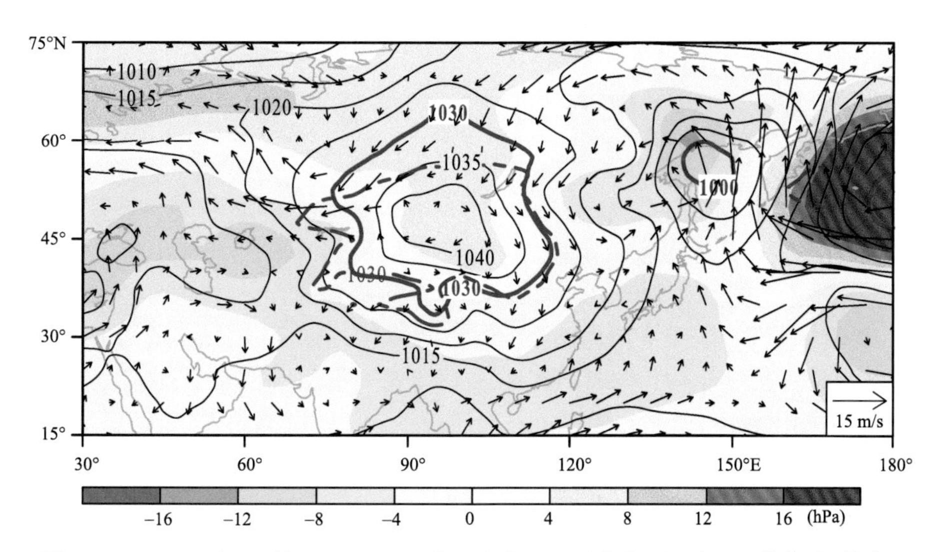

图 2.17.4　2010 年 12 月 12—16 日强降温事件过程平均海平面气压(等值线,单位:hPa)和距平(阴影,单位:hPa)及 850 hPa 水平风场距平(箭头,单位:m/s)。图中粗等值线分别对应 1000 hPa 和 1030 hPa 海平面气压值。实线为本次过程,虚线为气候态

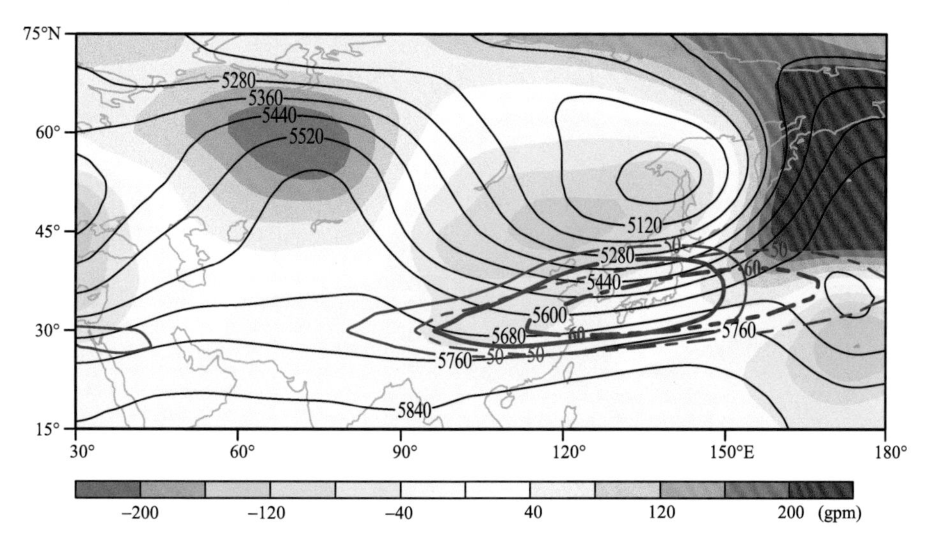

图 2.17.5　2010 年 12 月 12—16 日强降温事件过程平均 500 hPa 位势高度(黑色细等值线,单位:gpm)和位势高度距平(阴影,单位:gpm)及 200 hPa 纬向风速(蓝色粗等值线,仅给出 50 m/s 和 60 m/s 纬向风速)。实线为本次过程,虚线为气候态

事件18 2010年12月22—25日极端强降温过程

2010年12月气温距平分布在前一次事件中已有说明，这里不再重复。

2010年12月22—25日的强降温过程造成新疆北部、西北地区中部、内蒙古、东北、华北、黄淮、江南南部、华南中东部普遍降温8℃以上，其中新疆北部、内蒙古中部、东北南部降温在16℃以上。新疆布尔津过程最大降温达21.8℃，为本次过程全国之最(图2.18.1)。单日最大降温发生在内蒙古凉城，12月23日日降温为17.9℃(图2.18.2)。和本月中旬强降温事件相比，南方的降温幅度较小，但北方降温依旧剧烈，并伴有5～7级偏北风，新疆北部有大到暴雪天气，内蒙古东北部和黑龙江等地亦有小到中雪。但南方降水明显弱于前次事件，江南和华南北部降水量为10～25 mm(图2.18.3)。

本次过程西伯利亚高压强度总体不强，且分布型和之前的各事件不同，西伯利亚高压是由其东侧鄂霍次克海以北极地高压向西南方向延伸所致。500 hPa层，鄂霍次克海阻塞高压异常强大且向西北方向伸展，其西南侧为宽广的横槽。200 hPa西风急流强度较强(图2.18.4和图2.18.5)。

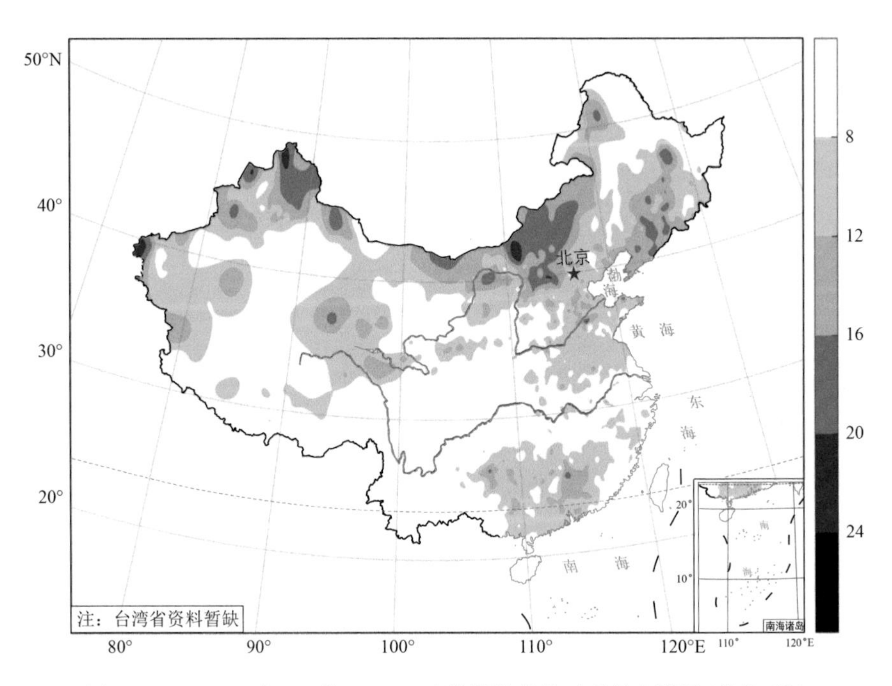

图2.18.1 2010年12月22—25日强降温事件过程最大降温(单位：℃)

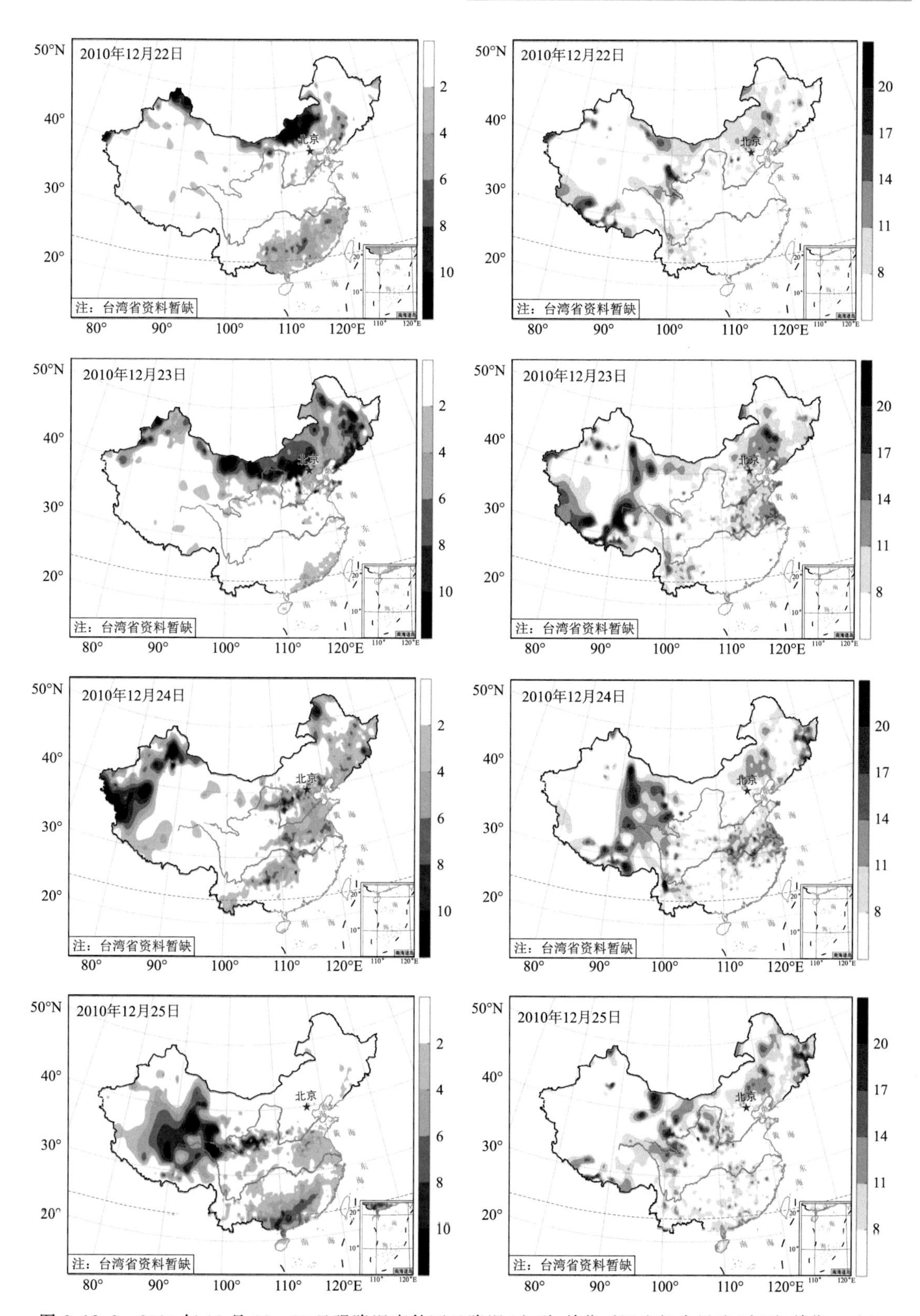

图2.18.2　2010年12月22—25日强降温事件逐日降温(左列,单位:℃)和极大风速(右列,单位:m/s)

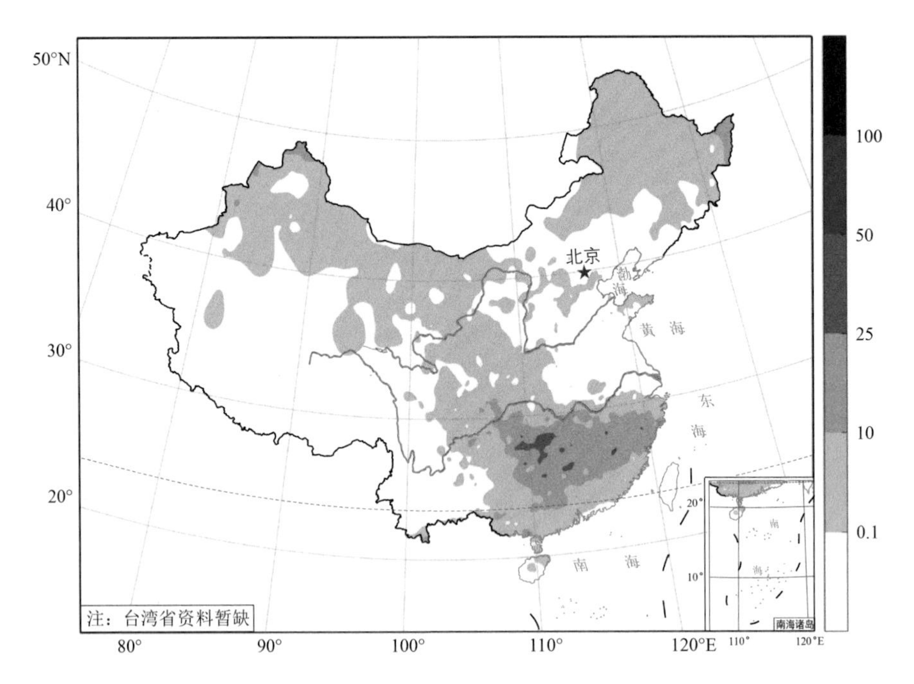

图 2.18.3　2010 年 12 月 22—25 日强降温事件过程累计降水量(单位:mm)

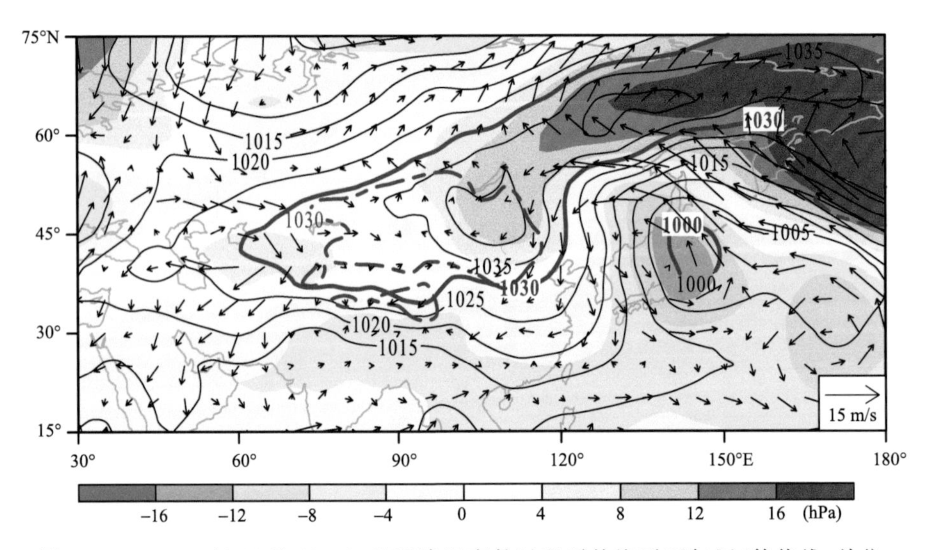

图 2.18.4　2010 年 12 月 22—25 日强降温事件过程平均海平面气压(等值线,单位:hPa)和距平(阴影,单位:hPa)及 850 hPa 水平风场距平(箭头,单位:m/s)。图中粗等值线分别对应 1000 hPa 和 1030 hPa 海平面气压值。实线为本次过程,虚线为气候态

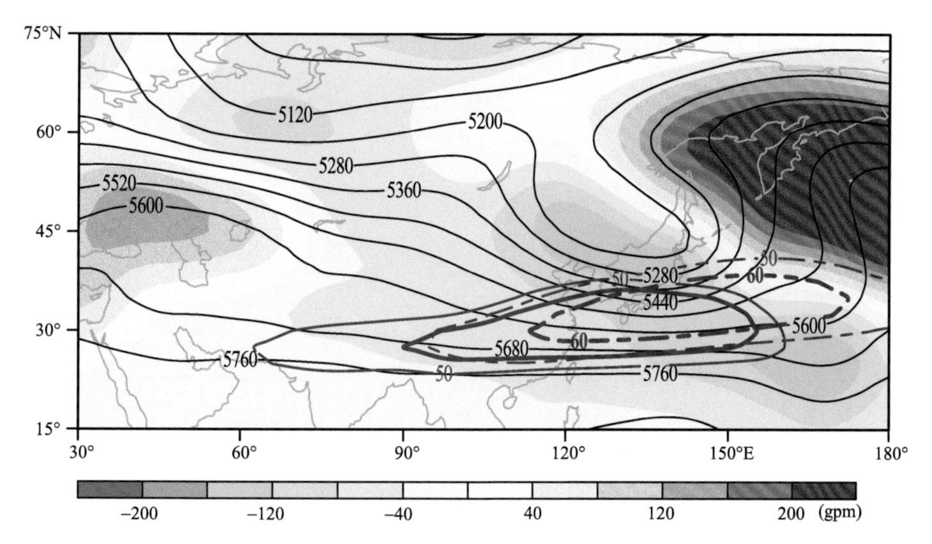

图 2.18.5　2010 年 12 月 22—25 日强降温事件过程平均 500 hPa 位势高度(黑色细等值线,单位:gpm)和位势高度距平(阴影,单位:gpm)及 200 hPa 纬向风速(蓝色粗等值线,仅给出 50 m/s 和 60 m/s 纬向风速)。实线为本次过程,虚线为气候态

事件19 2012年2月6—7日极端强降温过程

2012年2月，全国平均气温为－2.95 ℃，较常年同期偏低1.72 ℃。除青藏高原外，全国大部分地区月平均气温较常年同期明显偏低，其中新疆北部、内蒙古中东部偏低4 ℃以上(图略)。

和前面极端强降温事件不同，本次事件发生之前，我国除高原以外的地区气温较常年同期明显偏低，尤其是内蒙古中西部、华北北部、东北地区东南部偏低4 ℃以上。这就使得本次过程降温幅度小于之前事件，但气温低。本次寒潮过程造成西北地区东部、内蒙古中东部、东北、华北部分站点降温8 ℃以上，其中西北地区东部、东北北部降温在12 ℃以上。黑龙江北极村过程最大降温达16.7 ℃，为本次过程全国之最(图2.19.1)。单日最大降温发生在内蒙古小二沟，2月7日日降温为14.5 ℃(图2.19.2)。本次强降温相伴的大风主要在长江以北地区，降水则集中在江南、华南，但总体雨量不大，为10～25 mm，江西东北部和安徽西南部降水量有25～20 mm(图2.19.3)。

本次过程欧亚中高纬度地区为典型的西高东低型环流分布，乌拉尔山高压脊异常强大并向极区延伸，鄂霍次克海以北则为低涡中心，并向南伸展至日本以南，东亚槽深厚。与之相对应，近地面巴伦支海地区为海平面气压正距平中心，西伯利亚高压强大，其中6日标准化值超过2.3。同时阿留申低压西段亦较强，负距平中心值低于－12 hPa。200 hPa层西风急流明显强于气候态(图2.19.4和图2.19.5)。

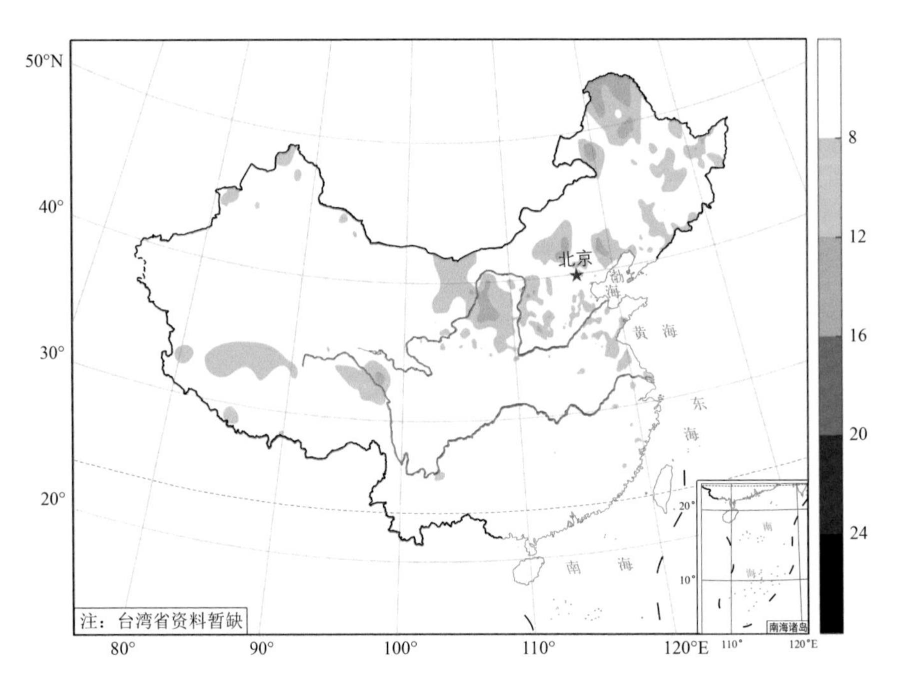

图2.19.1 2012年2月6—7日强降温事件过程最大降温(单位：℃)

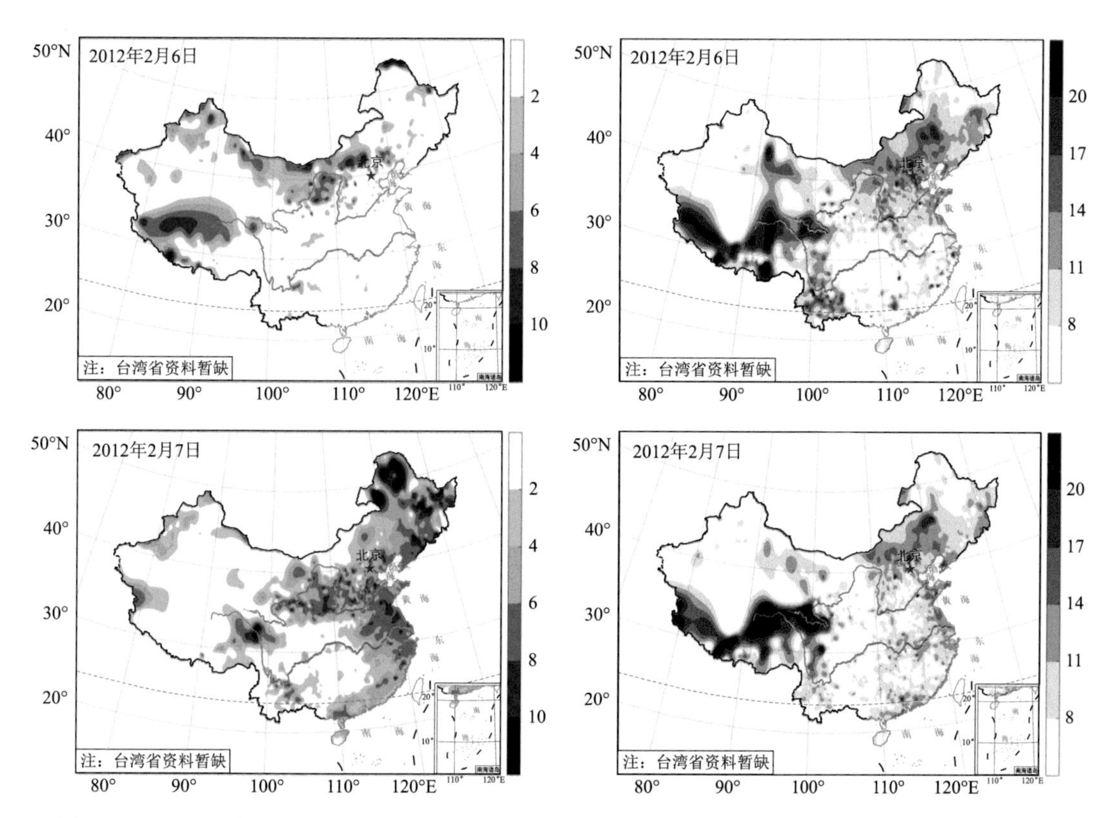

图 2.19.2　2012 年 2 月 6—7 日强降温事件逐日降温(左列,单位:℃)和极大风速(右列,单位:m/s)

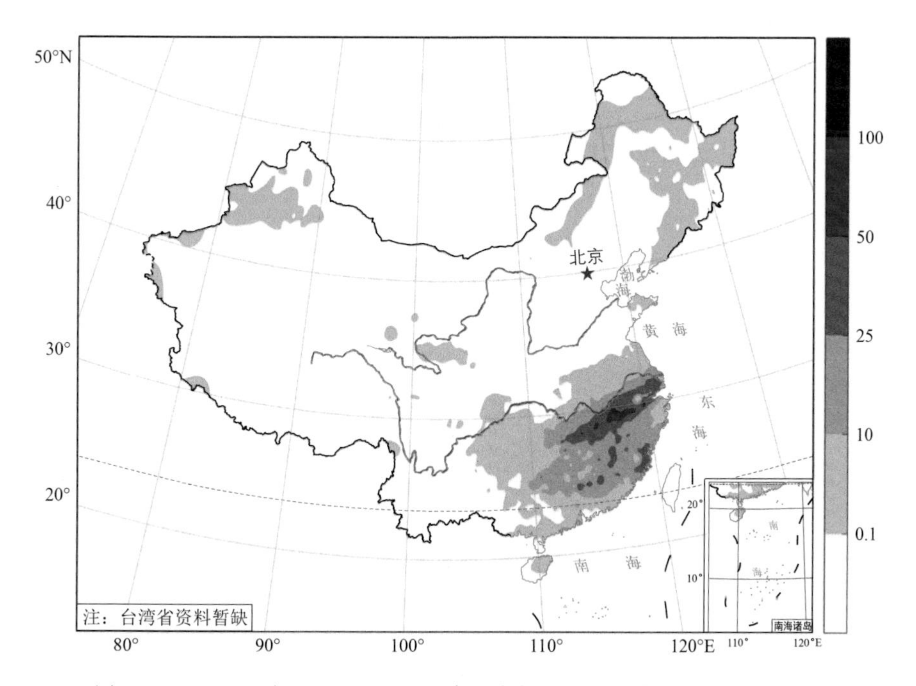

图 2.19.3　2012 年 2 月 6—7 日强降温事件过程累计降水量(单位:mm)

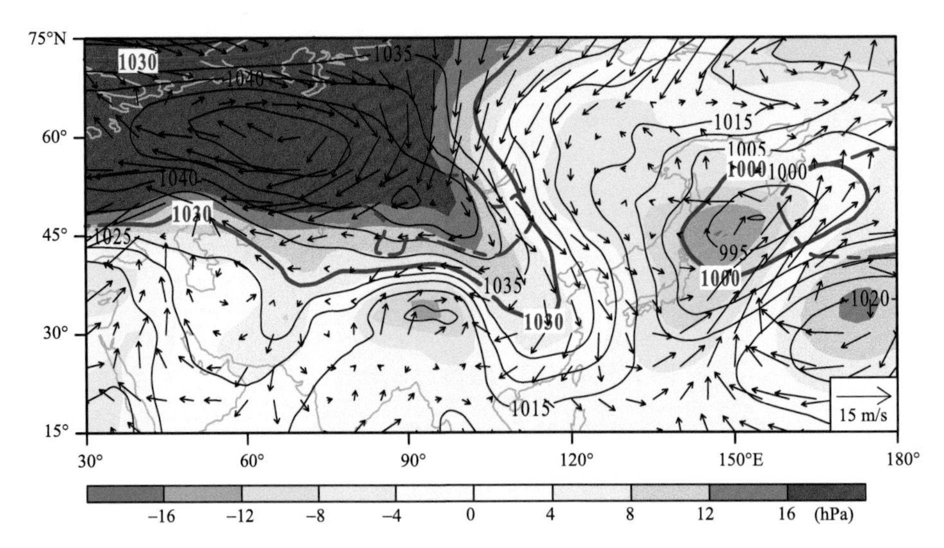

图 2.19.4 2012年2月6—7日强降温事件过程平均海平面气压(等值线,单位:hPa)和距平(阴影,单位:hPa)及850 hPa水平风场距平(箭头,单位:m/s)。图中粗等值线分别对应1000 hPa和1030 hPa海平面气压值。实线为本次过程,虚线为气候态

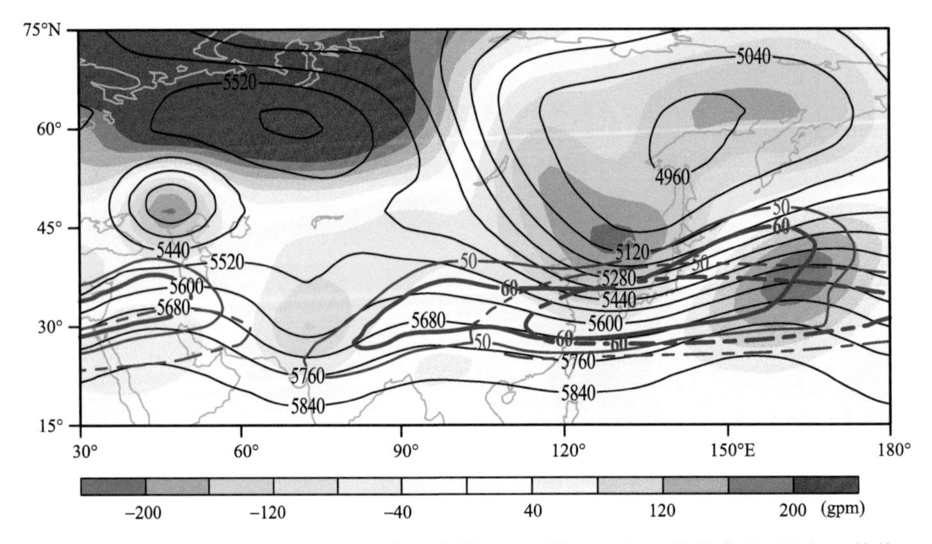

图 2.19.5 2012年2月6—7日强降温事件过程平均500 hPa位势高度(黑色细等值线,单位:gpm)和位势高度距平(阴影,单位:gpm)及200 hPa纬向风速(蓝色粗等值线,仅给出50 m/s和60 m/s纬向风速)。实线为本次过程,虚线为气候态

事件 20　2013 年 2 月 6—8 日极端强降温过程

2013 年 2 月，全国平均气温为－1.24 ℃，较常年同期偏高 0.02 ℃。月平均气温偏低的区域主要位于新疆北部、内蒙古大部、东北、华北东部、黄淮、江淮、江汉，其中内蒙古东部、东北地区西部偏低 4 ℃ 以上(图略)。

2 月 6—8 日的寒潮过程造成内蒙古中部、东北中南部、黄淮东部、江淮东部、江南、华南普遍降温 8 ℃以上，其中内蒙古中部、江南南部、华南北部等地降温在 12 ℃以上。湖南南岳过程最大降温达 20.1 ℃，为本次过程全国之最(图 2.20.1)。单日最大降温发生在福建连城，2 月 8 日日降温为 14.5 ℃。本次过程在淮河以北地区伴有 4～6 级偏北风(图 2.20.2)。江汉、江淮、江南北部及贵州北部等地出现降雪或雨转雪、雨夹雪天气，贵州中部、湖南中南部及江西中部的部分地区还伴有冻雨天气(安林昌 等，2013)。过程累计雨量湖南北部、江西、浙江和福建北部有 10～25 mm，江西中部有 25～50 mm(图 2.20.3)。

本次过程西伯利亚高压面积异常偏大，强度也明显强于气候态，其中 6 日和 7 日强度标准化值分别为 1.8 和 2.1，且 1030 hPa 等值线明显向南伸展，非常有利于北风增强。500 hPa 层欧亚高纬度地区虽然均为位势高度正距平，但贝加尔湖西北为异常高压脊，东南侧则为低槽，环流经向度大(图 2.20.4 和图 2.20.5)。

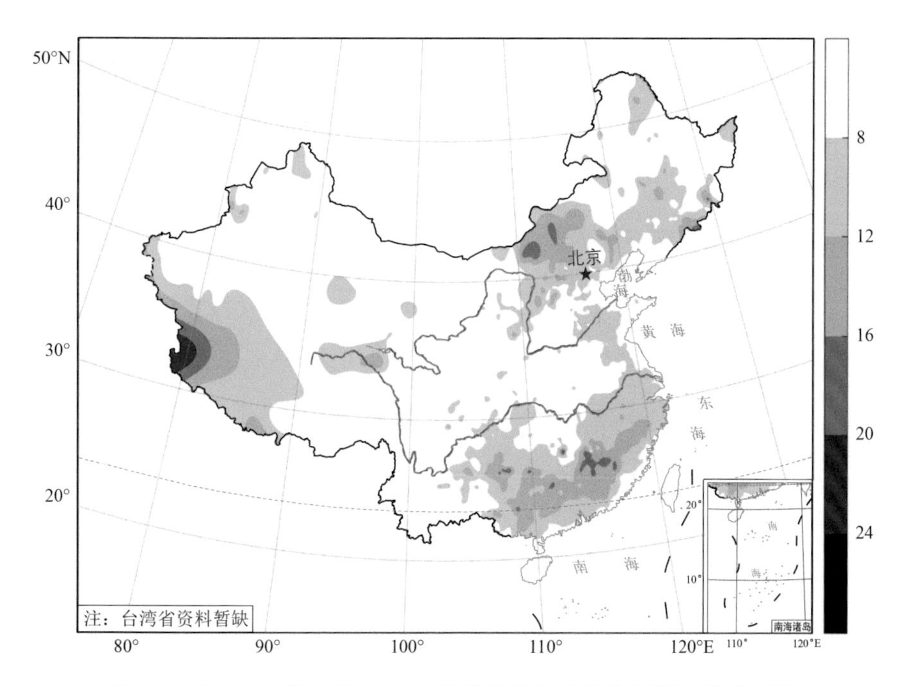

图 2.20.1　2013 年 2 月 6—8 日强降温事件过程最大降温(单位：℃)

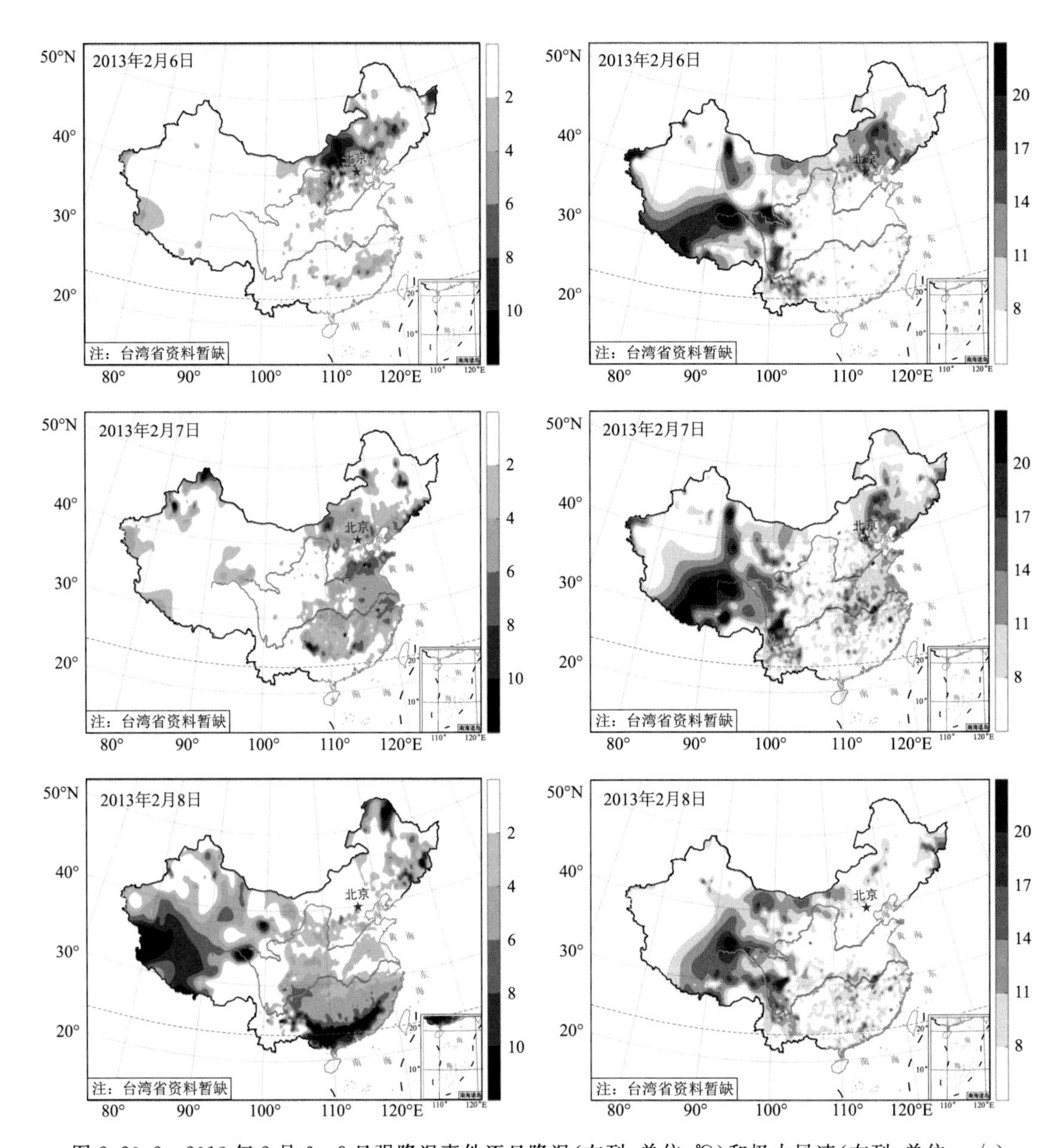

图 2.20.2　2013 年 2 月 6—8 日强降温事件逐日降温(左列,单位:℃)和极大风速(右列,单位:m/s)

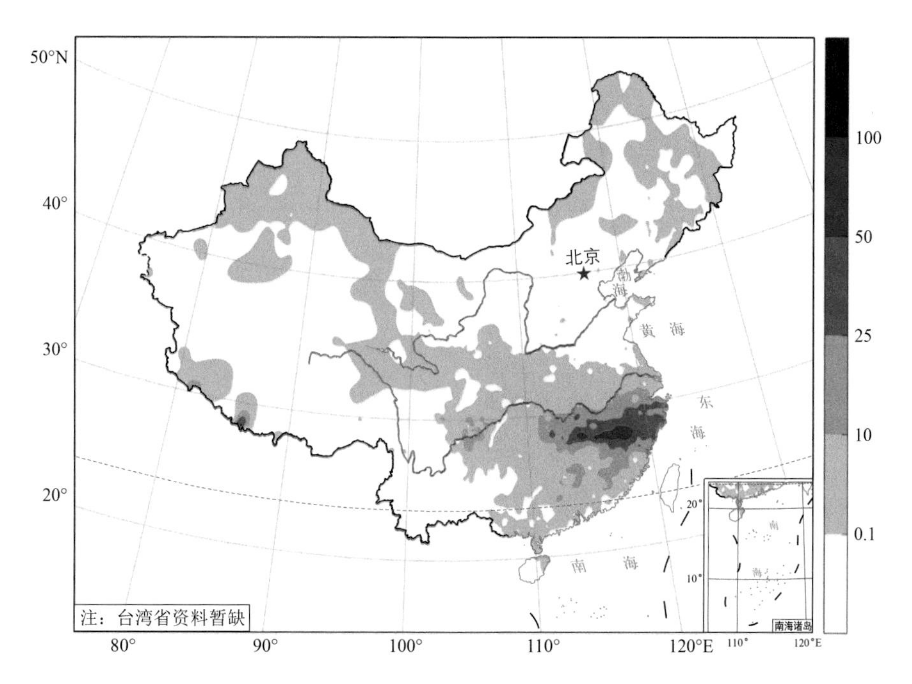

图 2.20.3　2013 年 2 月 6—8 日强降温事件过程累计降水量(单位:mm)

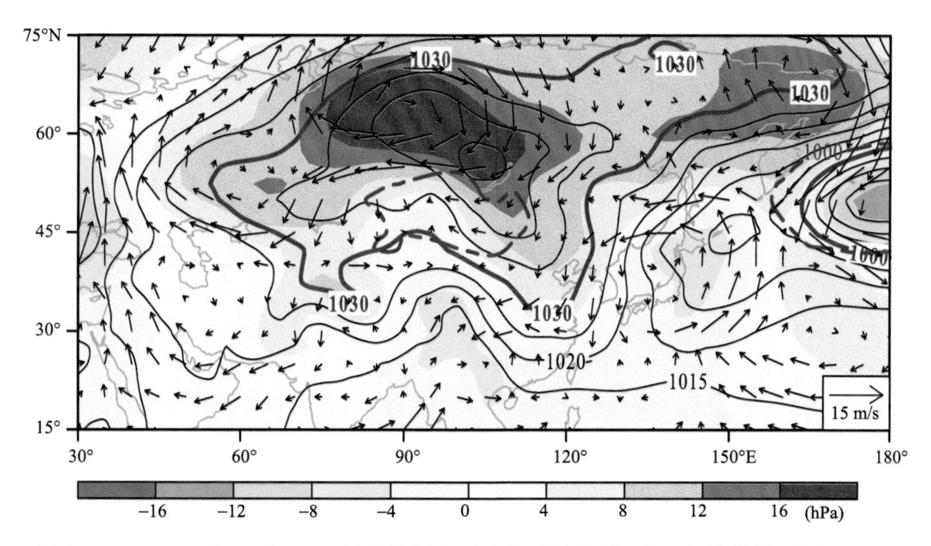

图 2.20.4　2013 年 2 月 6—8 日强降温事件过程平均海平面气压(等值线,单位:hPa)和距平(阴影,单位:hPa)及 850 hPa 水平风场距平(箭头,单位:m/s)。图中粗等值线分别对应 1000 hPa 和 1030 hPa 海平面气压值。实线为本次过程,虚线为气候态

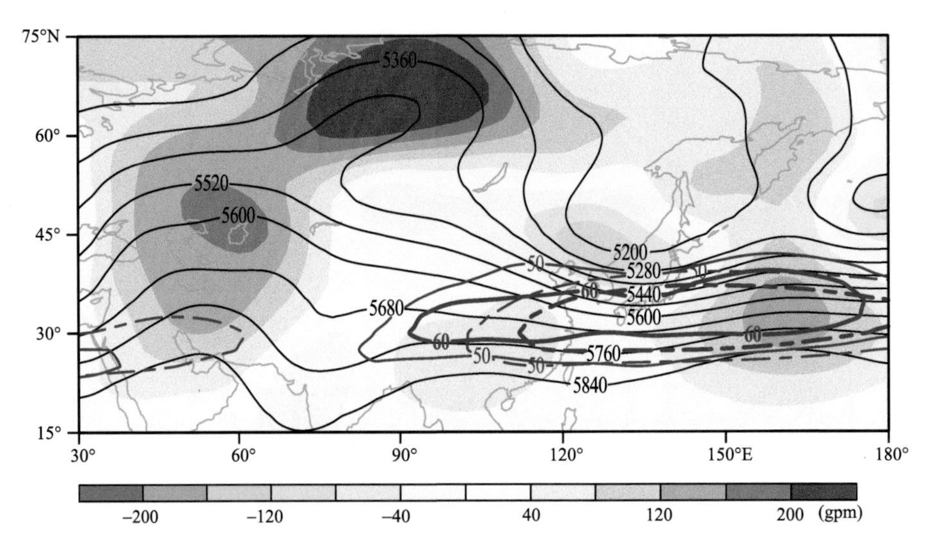

图 2.20.5 2013 年 2 月 6—8 日强降温事件过程平均 500 hPa 位势高度(黑色细等值线,单位:gpm)和位势高度距平(阴影,单位:gpm)及 200 hPa 纬向风速(蓝色粗等值线,仅给出 50 m/s 和 60 m/s 纬向风速)。实线为本次过程,虚线为气候态

事件 21　2013 年 2 月 17—20 日极端强降温过程

2013 年 2 月气温距平分布在前一次事件已有说明，这里不再重复。

2013 年 2 月 17—20 日的寒潮过程造成西北、内蒙古、东北、江淮、江南、西南地区中部和北部、西藏普遍降温 8 ℃以上，其中青海南部、东北南部、西南地区北部、西藏南部降温在 16 ℃以上。青海清水河过程最大降温达 26 ℃，为本次过程全国之最（图 2.21.1）。单日最大降温发生在西藏错那，2 月 18 日日降温为 21.2 ℃（图 2.21.2）。北方大部分地区出现 5～6 级偏北风，冷空气南下过程中与南支波动结合，造成长江中下游沿江累计降水量有 10～25 mm，其中江淮、江汉、江南北部等地出现强雨夹雪或大到暴雪天气（图 2.21.3）。

本次过程西伯利亚高压强度较弱，仅 17 日强度标准化值为 0.5，其余时间均不及 0.3，但阿留申低压强度强，中心值低于 985 hPa，中心距平值小于－20 hPa。500 hPa 层乌拉尔山为高压脊，但强度也不强，80°E 以西则为宽广的低槽。200 hPa 西风急流核位置较常年偏西（图 2.21.4 和图 2.21.5）。

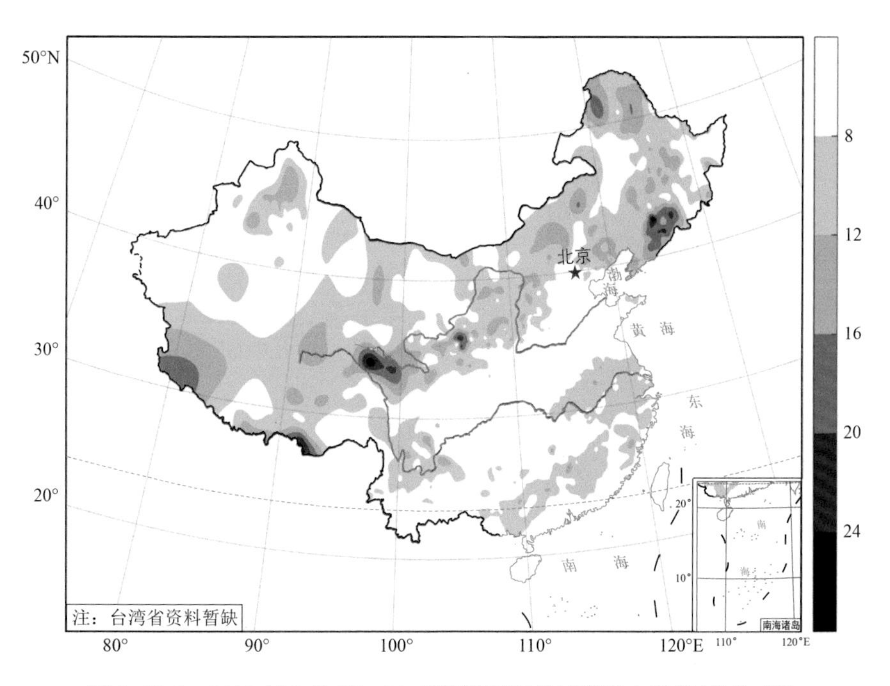

图 2.21.1　2013 年 2 月 17—20 日强降温事件过程最大降温（单位：℃）

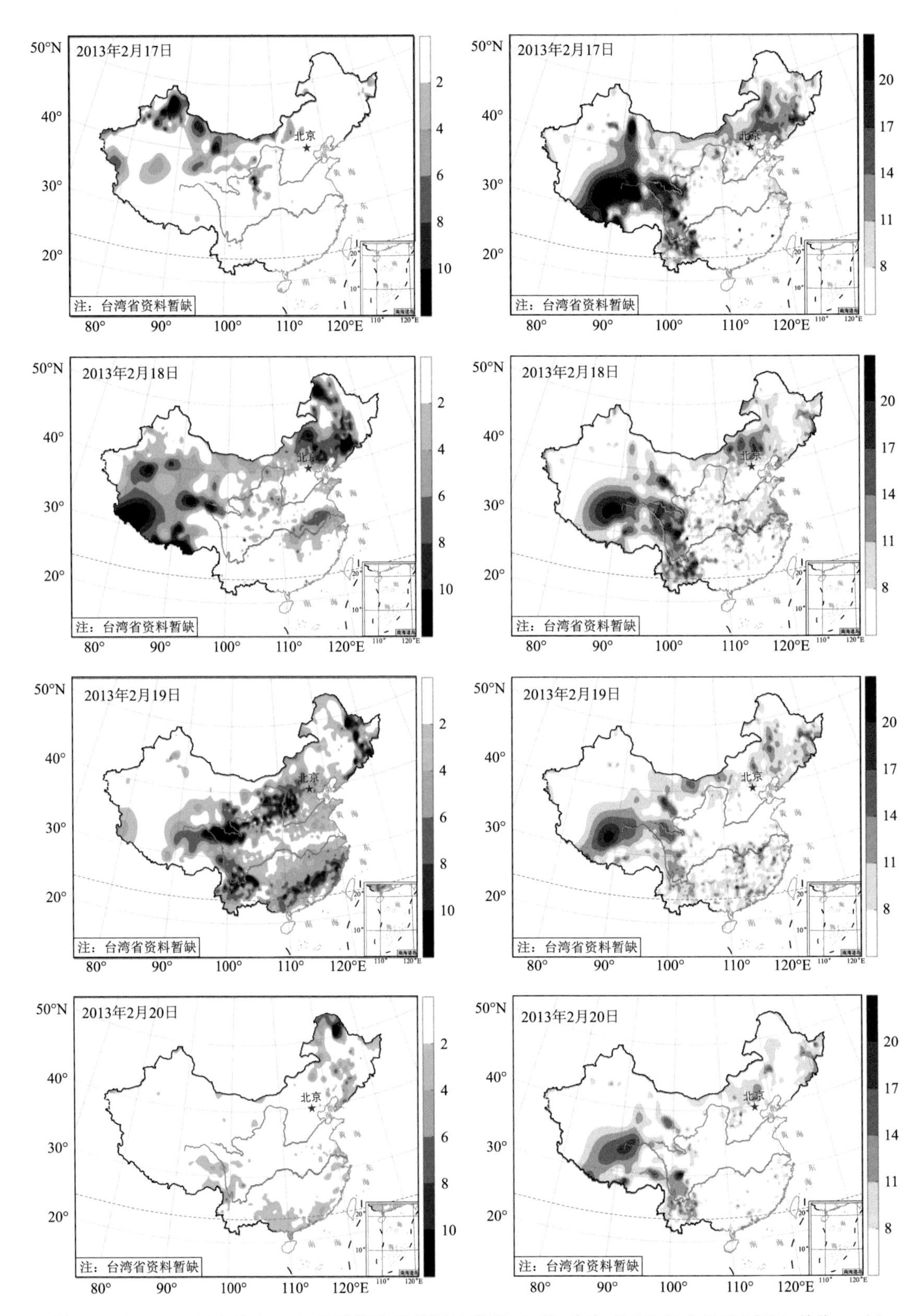

图 2.21.2　2013 年 2 月 17—20 日强降温事件逐日降温(左列,单位:℃)和极大风速(右列,单位:m/s)

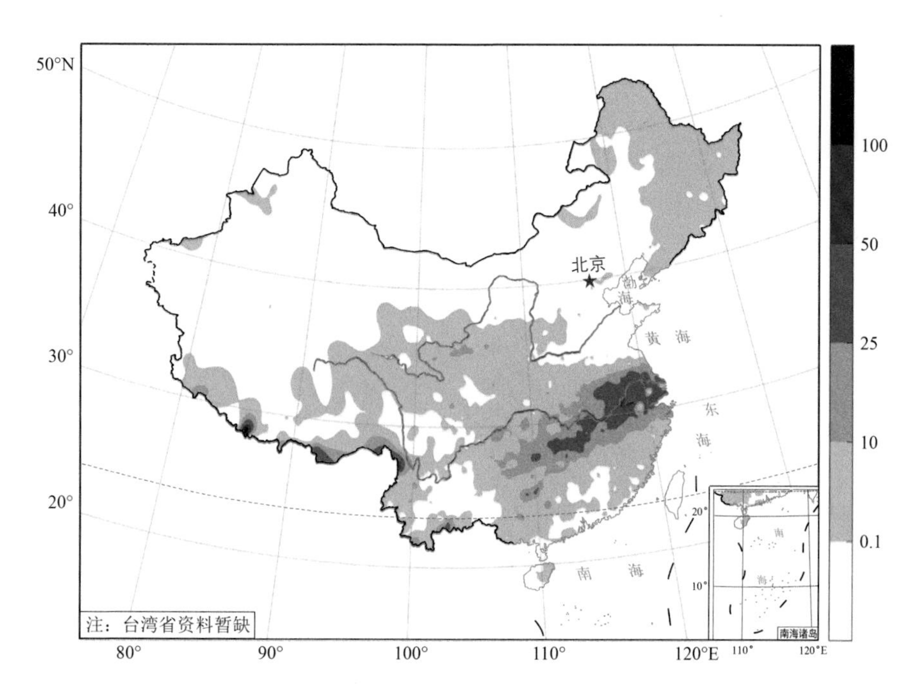

图 2.21.3　2013 年 2 月 17—20 日强降温事件过程累计降水量(单位:mm)

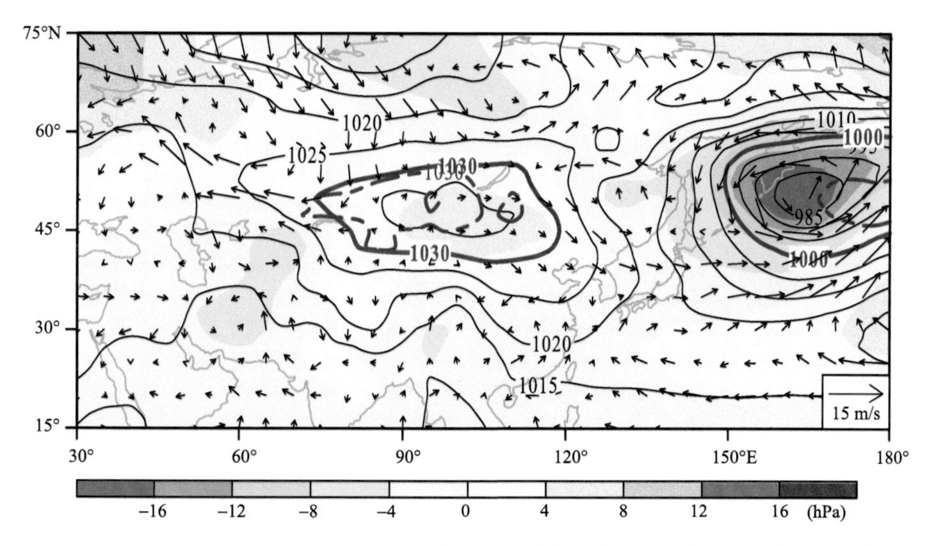

图 2.21.4　2013 年 2 月 17—20 日强降温事件过程平均海平面气压(等值线,单位:hPa)和距平(阴影,单位:hPa)及 850 hPa 水平风场距平(箭头,单位:m/s)。图中粗等值线分别对应 1000 hPa 和 1030 hPa 海平面气压值。实线为本次过程,虚线为气候态

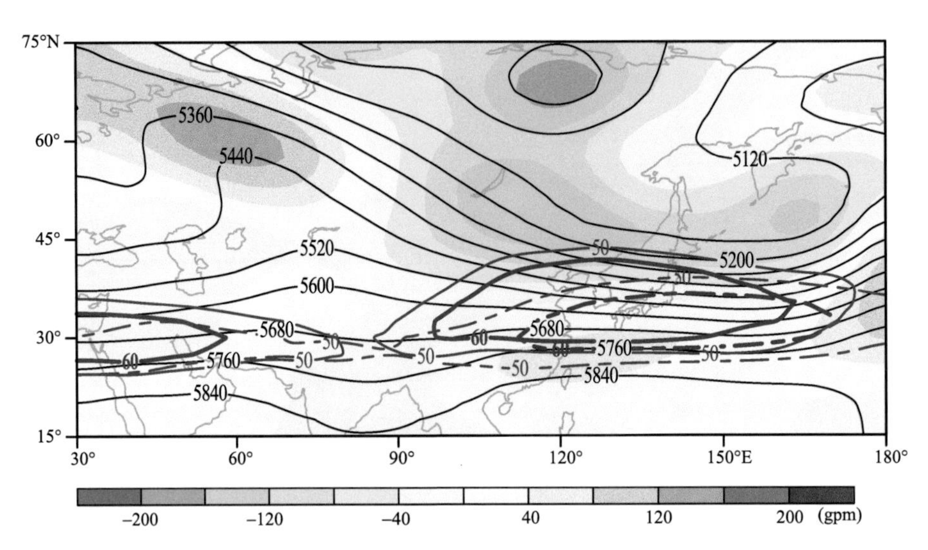

图 2.21.5 2013年2月17—20日强降温事件过程平均500 hPa位势高度(黑色细等值线,单位:gpm)和位势高度距平(阴影,单位:gpm)及200 hPa纬向风速(蓝色粗等值线,仅给出50 m/s和60 m/s纬向风速)。实线为本次过程,虚线为气候态

事件 22　2014 年 2 月 1—4 日极端强降温过程

2014 年 2 月，全国平均气温为－2.29 ℃，较常年同期偏低 1.03 ℃。空间分布上，除西北地区南部和西南地区外，全国大部气温偏低，其中新疆北部、东北地区北部偏低 4 ℃ 以上（图略）。

2 月 1—4 日的寒潮过程造成新疆北部、西北地区东部、内蒙古、东北、华北、黄淮、江淮东部普遍降温 8 ℃以上，其中新疆北部、内蒙古东北部、东北地区北部降温在 20 ℃以上。本次过程共有 3 个测站最大降温幅度达到或超过 25 ℃，包括新疆（2 站）和黑龙江（1 站），其中新疆青河过程最大降温达 27.3 ℃，为本次过程全国之最（图 2.22.1）。单日最大降温发生在新疆富蕴，2 月 1 日日降温为 22.6 ℃（图 2.22.2）。本次强降温影响主要在北方地区，长江中下游及以北地区出现 4～6 级偏北风，西北地区东部、华北、东北、黄淮西部、江淮地区有弱雨雪天气过程，但累计降水量不及 10 mm（图 2.22.3）。

本次过程 500 hPa 贝加尔湖以北受极强的高空冷涡控制，其中心强度达 4880 gpm，中心距平值较常年偏低 200 gpm 以上，自冷涡中心向西有一条东西向横槽，该横槽使近地面西伯利亚高压整体偏西，在西西伯利亚一带有强冷空气堆积，但气候场上的西伯利亚高压监测区为气压负距平（图 2.22.4 和图 2.22.5）。

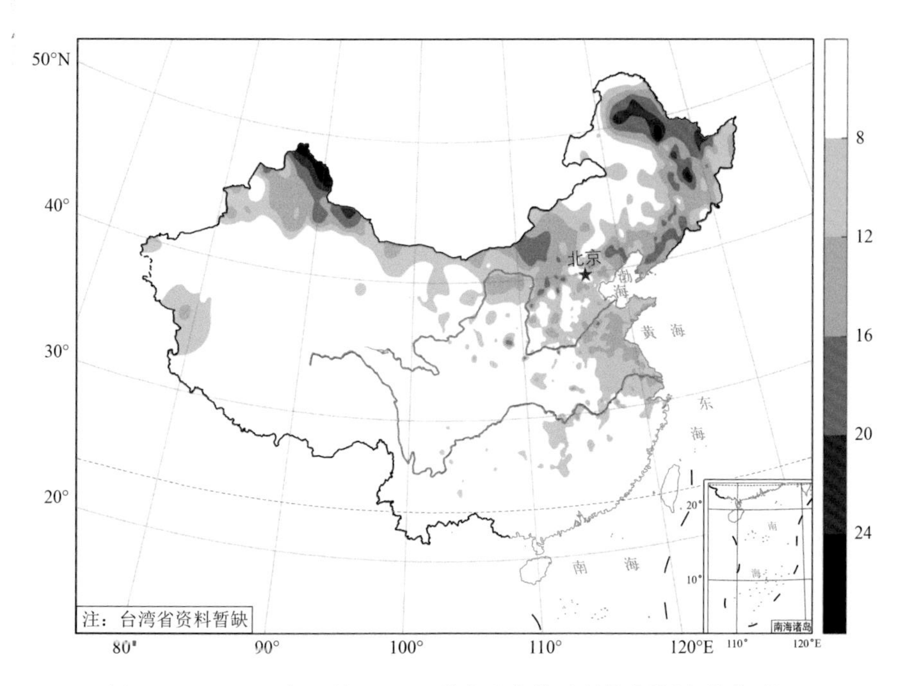

图 2.22.1　2014 年 2 月 1—4 日强降温事件过程最大降温（单位：℃）

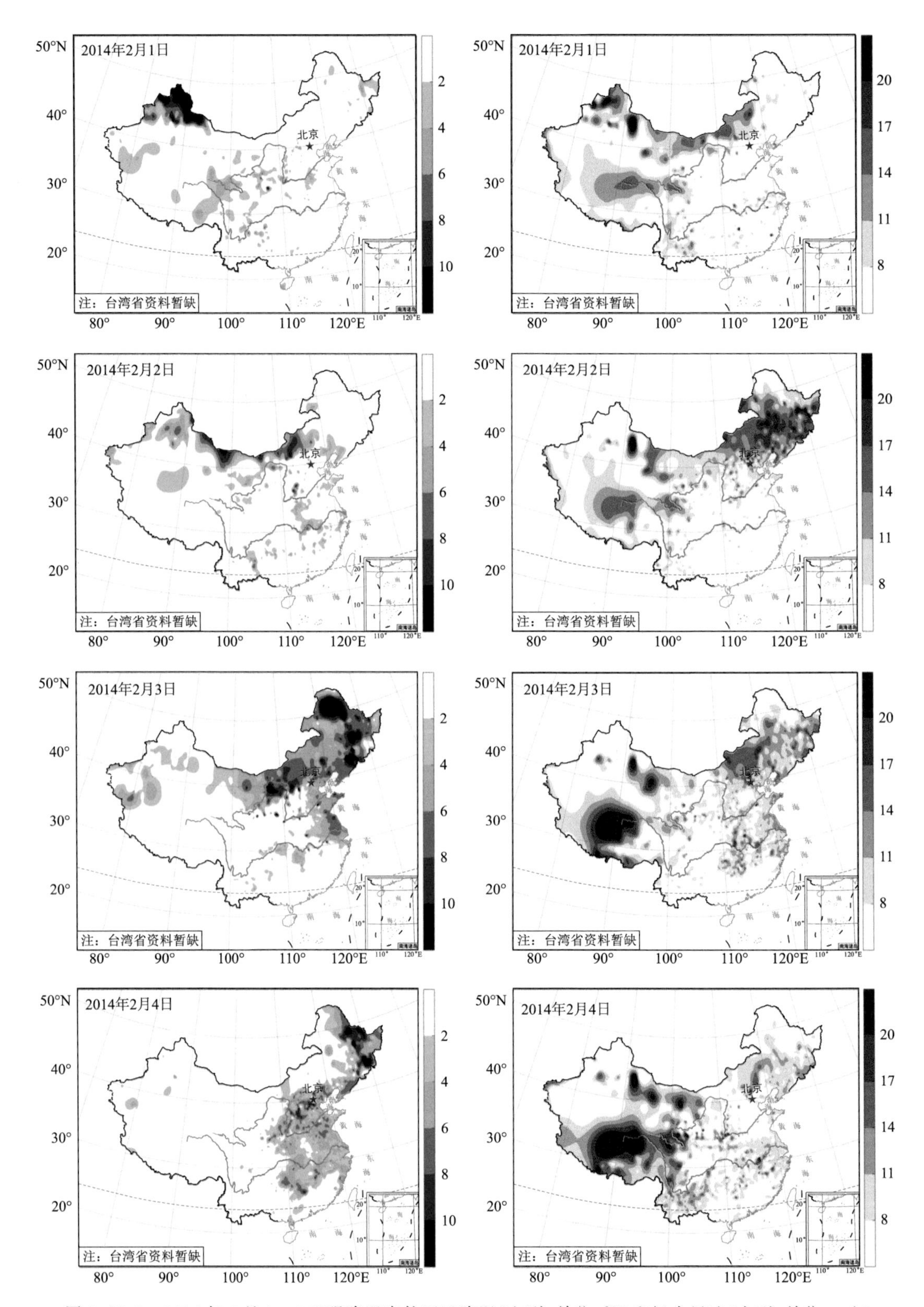

图 2.22.2 2014 年 2 月 1—4 日强降温事件逐日降温(左列，单位：℃)和极大风速(右列，单位：m/s)

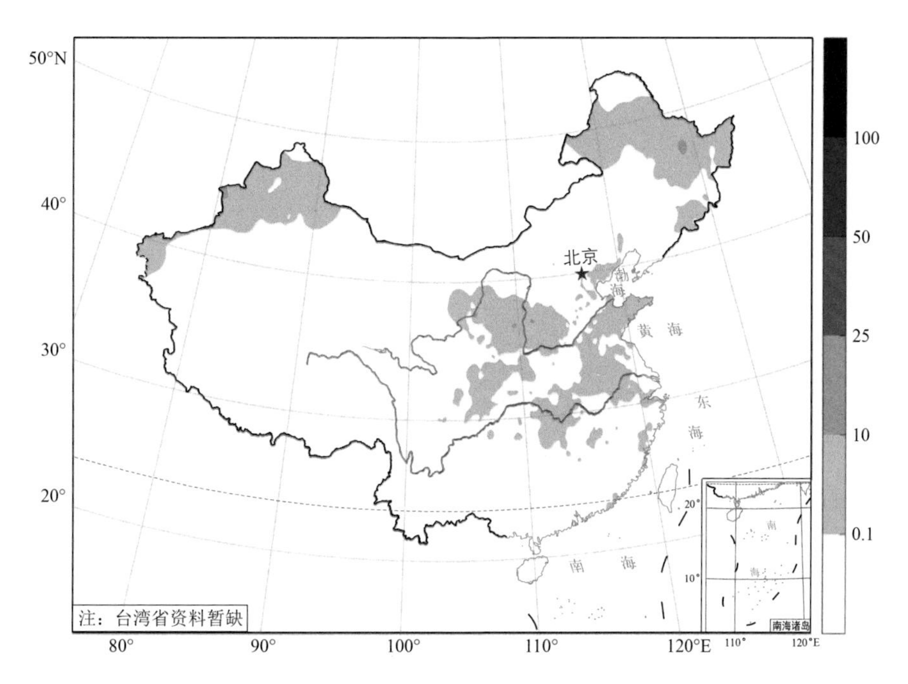

图 2.22.3 2014年2月1—4日强降温事件过程累计降水量(单位:mm)

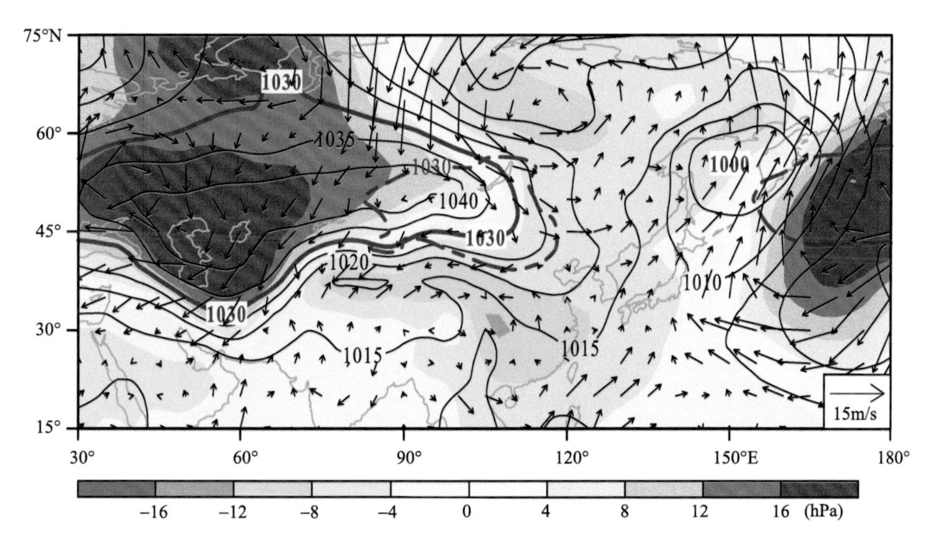

图 2.22.4 2014年2月1—4日强降温事件过程平均海平面气压(等值线,单位:hPa)和距平(阴影,单位:hPa)及850 hPa水平风场距平(箭头,单位:m/s)。图中粗等值线分别对应1000 hPa和1030 hPa海平面气压值。实线为本次过程,虚线为气候态

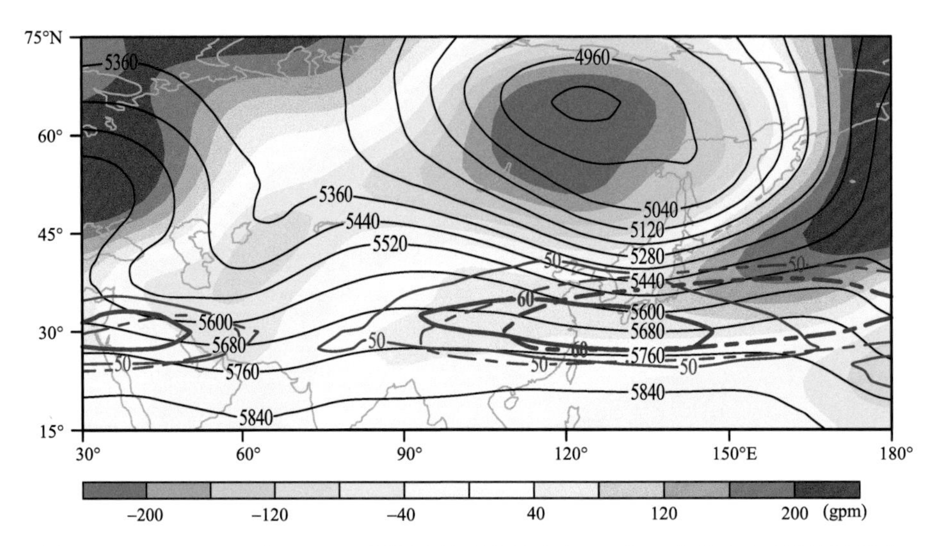

图2.22.5　2014年2月1—4日强降温事件过程平均500 hPa位势高度(黑色细等值线,单位:gpm)和位势高度距平(阴影,单位:gpm)及200 hPa纬向风速(蓝色粗等值线,仅给出50 m/s和60 m/s纬向风速)。实线为本次过程,虚线为气候态

事件 23　2014 年 12 月 1—2 日极端强降温过程

2014 年 12 月，全国平均气温为－3.5 ℃，较常年同期偏低 0.52 ℃。新疆中部、东北地区东部及华南南部的部分地区月气温距平小于－2 ℃（图略）。

12 月 1—2 日的寒潮过程影响区域主要位于我国东部地区，造成内蒙古东北部、东北地区南部、华北、黄淮、江淮、江南东部、华南中东部普遍降温 8 ℃以上，其中东北南部、黄淮东部、江淮东部降温在 12 ℃以上。吉林通化过程最大降温达 18 ℃，为本次过程全国之最（图 2.23.1）。单日最大降温发生在吉林临江，12 月 1 日日降温为 13.3 ℃（图 2.23.2）。我国北方地区有 5～7 级风，南方有 4～5 级风。新疆东北部、内蒙古中西部、华北中北部出现扬沙，青海西北部局地出现沙尘暴和强沙尘暴（饶晓琴 等，2015）。强降温还造成东北地区东部出现大雪，部分地区出现暴雪和大暴雪，黑龙江东部累计降雪量有 10～25 mm（图 2.23.3）。

本次过程 500 hPa 层东北地区为一极强低涡，中心距平低于 200 gpm，东亚槽强度强，位置南压。在其东西两侧分别为高压脊，巴伦支海附近为另一低涡。地面图上，极区冷高压南伸至西伯利亚地区。和对流层中层冷涡相对应，日本附近为低气压中心，中心距平值低于－20 hPa。200 hPa 层西风急流明显偏西（图 2.23.4 和图 2.23.5）。

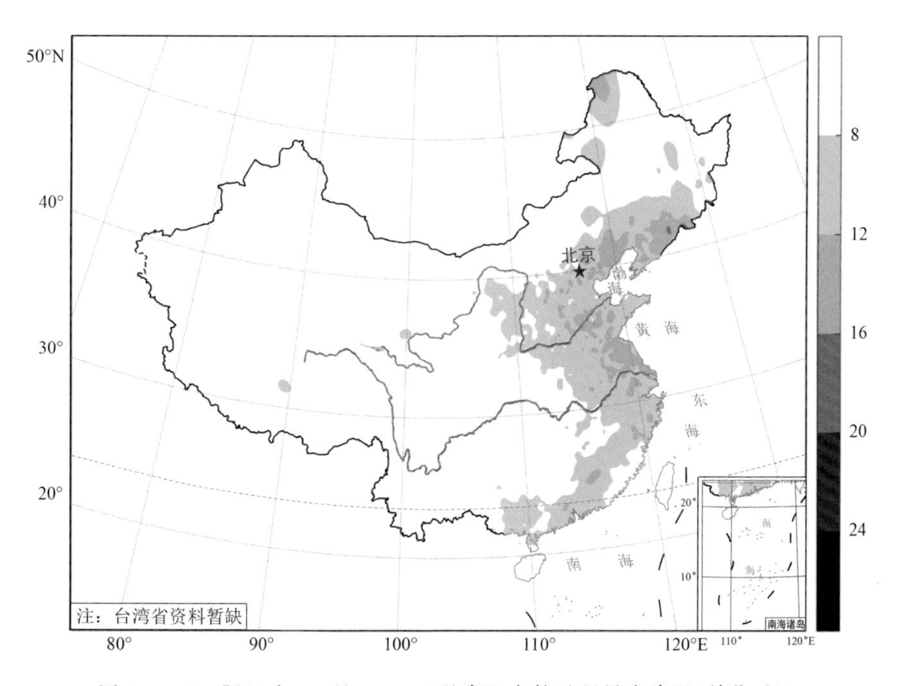

图 2.23.1　2014 年 12 月 1—2 日强降温事件过程最大降温（单位：℃）

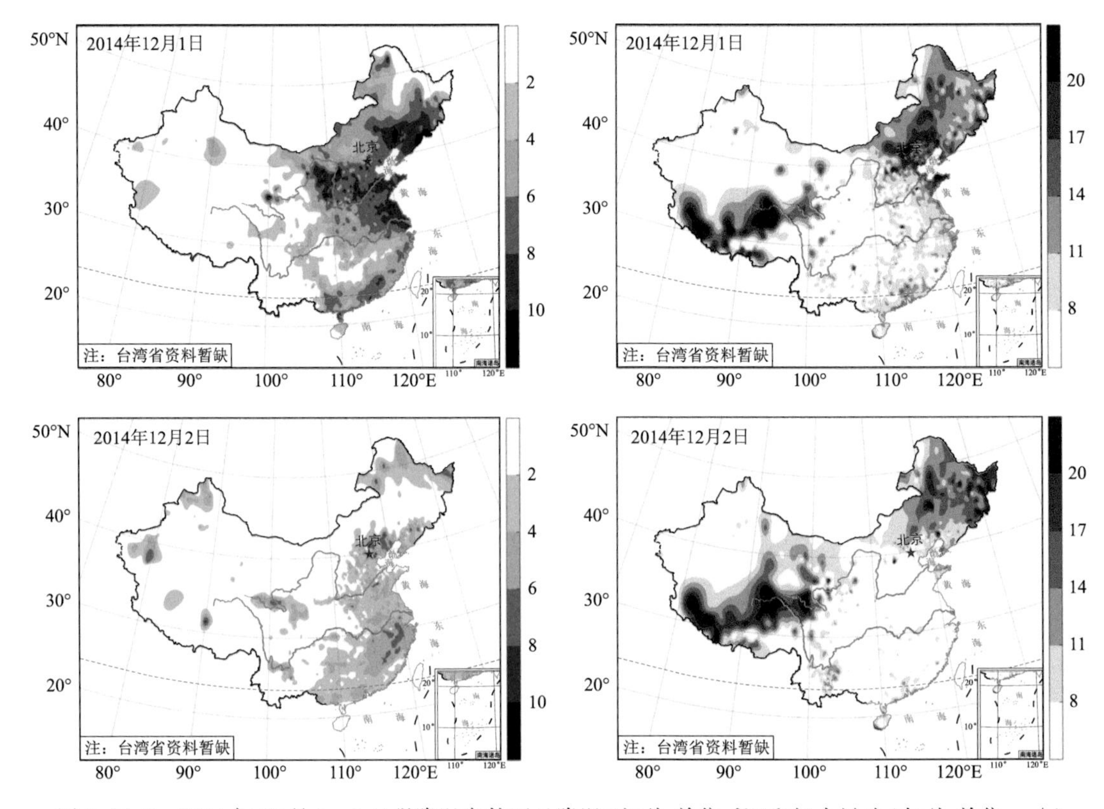

图 2.23.2 2014 年 12 月 1—2 日强降温事件逐日降温(左列，单位：℃)和极大风速(右列，单位：m/s)

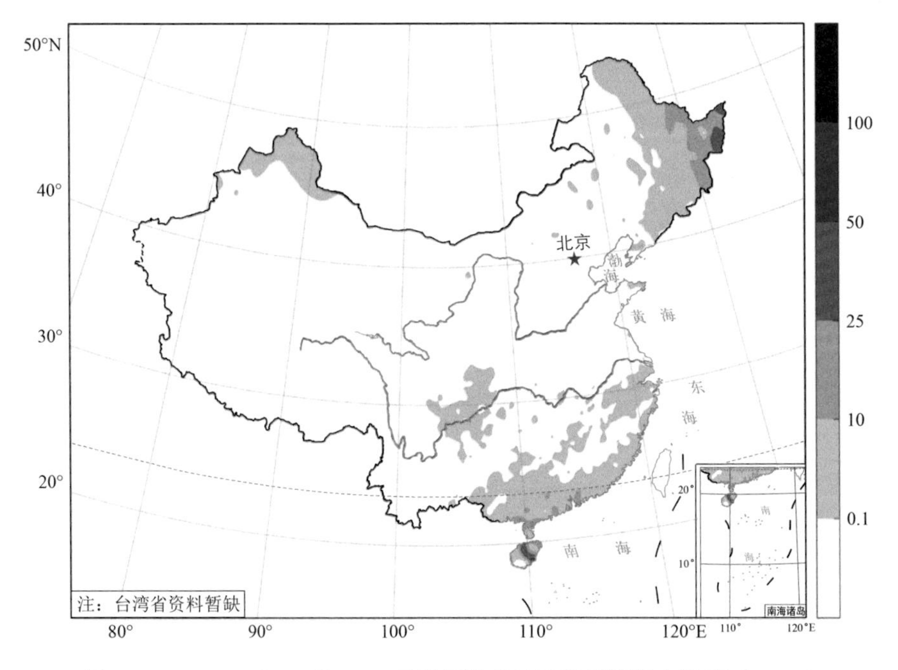

图 2.23.3 2014 年 12 月 1—2 日强降温事件过程累计降水量(单位：mm)

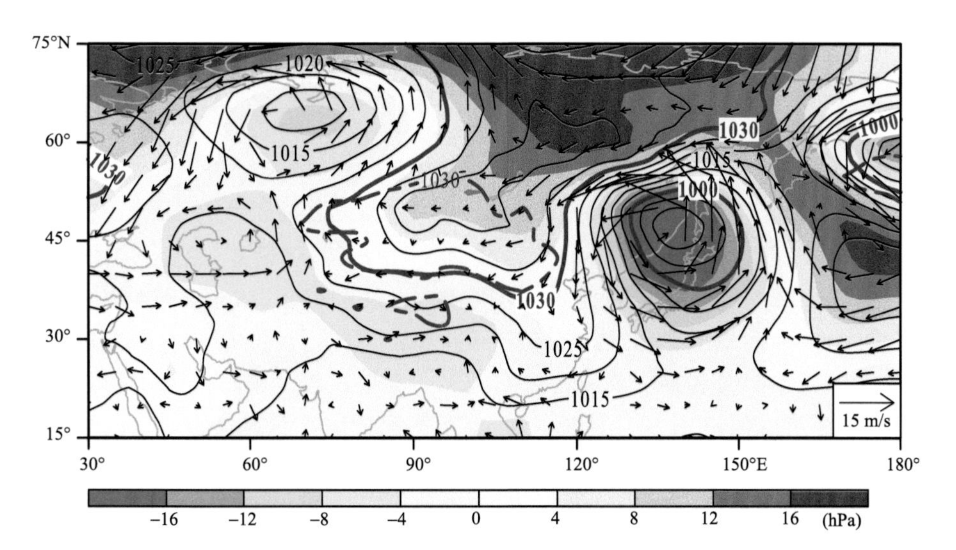

图 2.23.4 2014 年 12 月 1—2 日强降温事件过程平均海平面气压（等值线，单位：hPa）和距平（阴影，单位：hPa）及 850 hPa 水平风场距平（箭头，单位：m/s）。图中粗等值线分别对应 1000 hPa 和 1030 hPa 海平面气压值。实线为本次过程，虚线为气候态

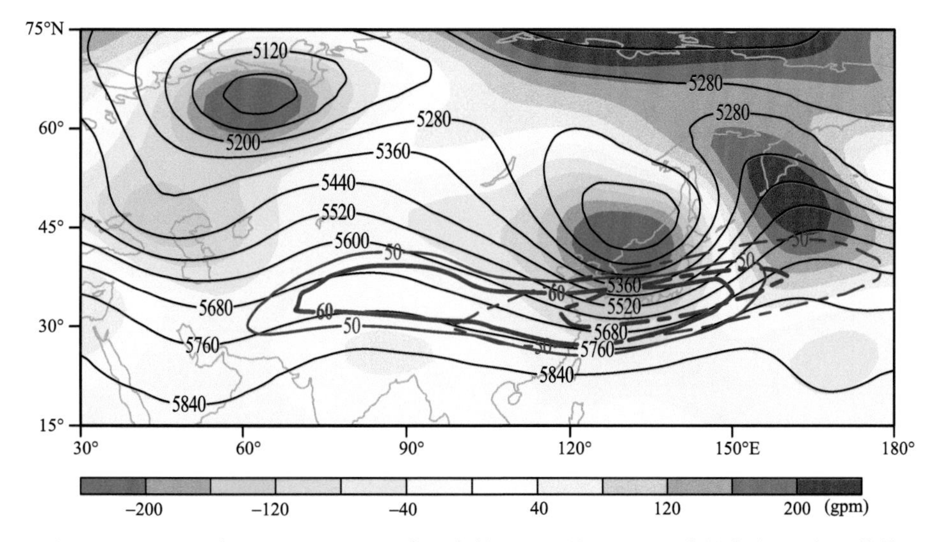

图 2.23.5 2014 年 12 月 1—2 日强降温事件过程平均 500 hPa 位势高度（黑色细等值线，单位：gpm）和位势高度距平（阴影，单位：gpm）及 200 hPa 纬向风速（蓝色粗等值线，仅给出 50 m/s 和 60 m/s 纬向风速）。实线为本次过程，虚线为气候态

事件24　2015年1月5—7日极端强降温过程

2015年1月，全国平均气温为－3.14 ℃，较常年同期偏高1.68 ℃。本月全国大部气温偏高，气温距平小于－2 ℃以上地区主要位于西藏西部和四川西部的部分地区（图略）。

1月5—7日的寒潮过程造成西北地区中东部、内蒙古东北部、东北地区中部和南部、华北、江汉、江南中部、西南地区北部、西藏东部普遍降温8 ℃以上，其中青海南部、四川北部降温在20 ℃以上。青海达日过程最大降温达24.2 ℃，为本次过程全国之最（图2.24.1）。单日最大降温发生在青海清水河，1月6日日降温为16.5 ℃。内蒙古东部及东北地区东部等地伴有6～7级大风（图2.24.2）。事件期间雨雪量不大（图2.24.3）。

本次过程西伯利亚高压强度偏弱，在强降温事件中比较少见，但其东侧日本附近的低气压较强，中心距平值低于－12 hPa。500 hPa层拉普捷夫海为一低涡中心，从低涡伸展出两支槽，其中一支向西南方向伸至黑海附近，另一支向东南方向伸至日本海。贝加尔湖西侧为一高压脊（图2.24.4和图2.24.5）。

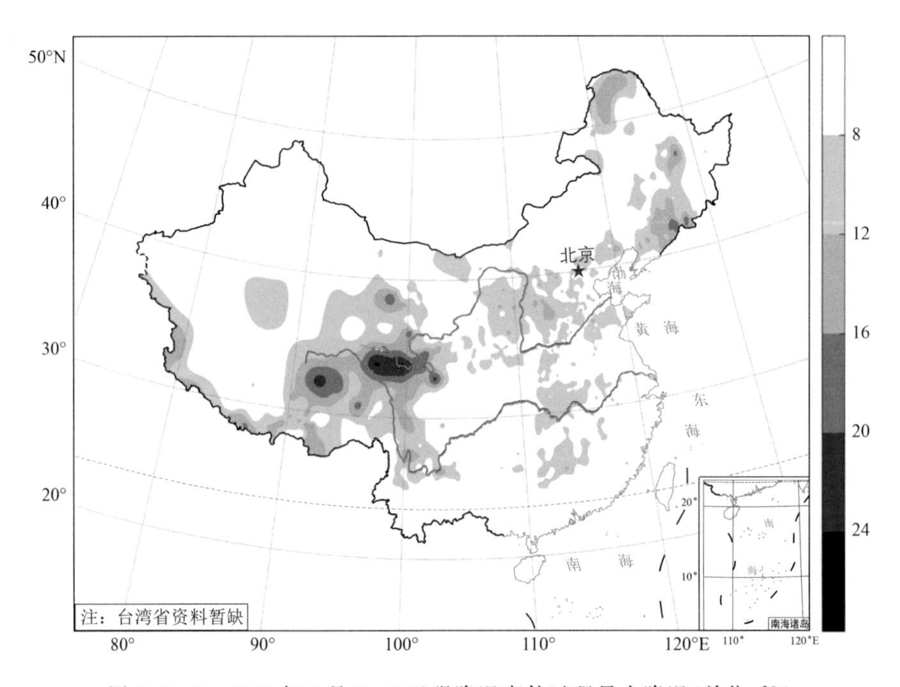

图2.24.1　2015年1月5—7日强降温事件过程最大降温（单位：℃）

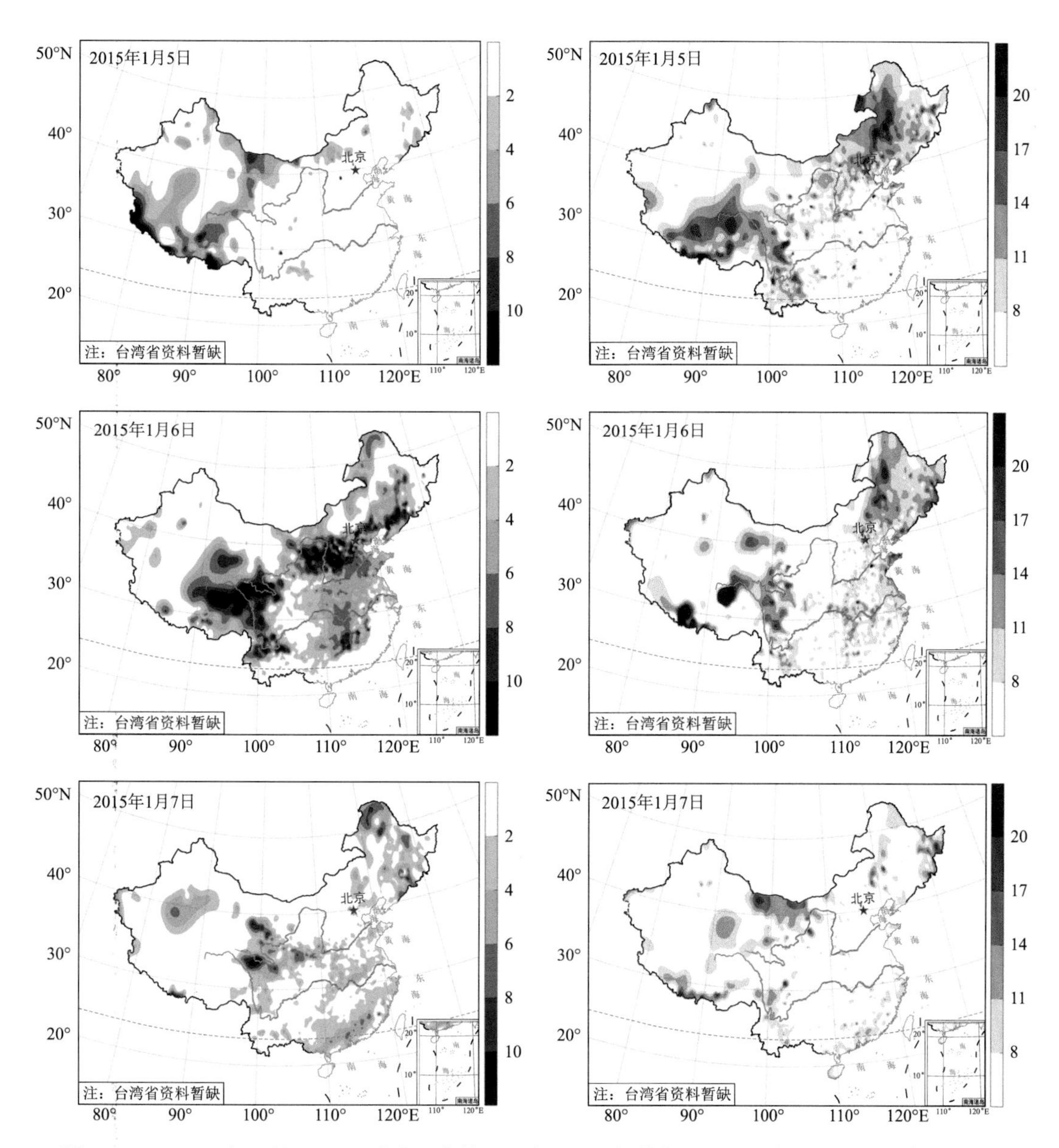

图 2.24.2　2015 年 1 月 5—7 日强降温事件逐日降温(左列，单位：℃)和极大风速(右列，单位：m/s)

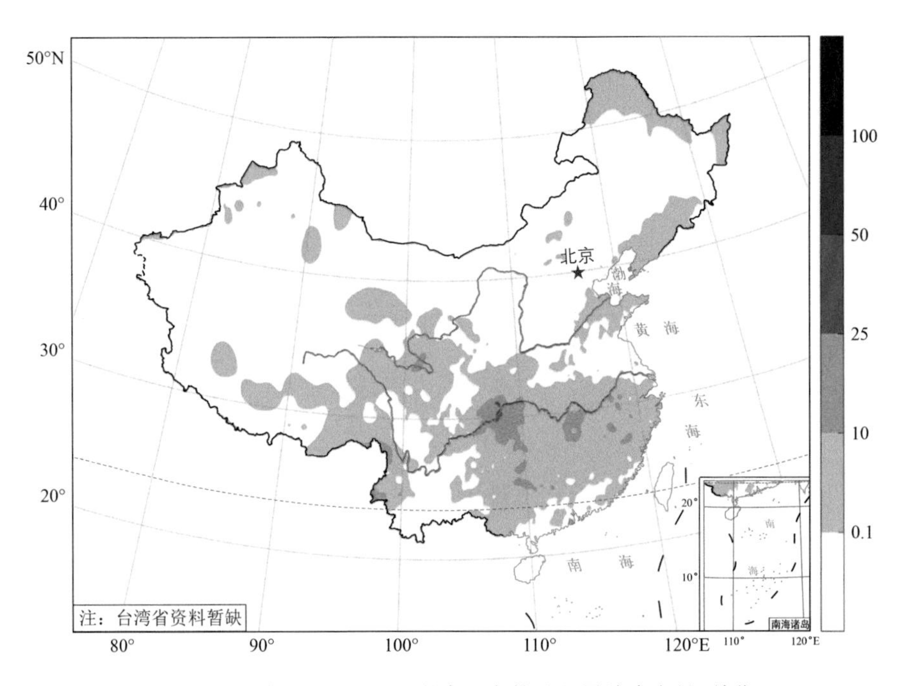

图 2.24.3 2015 年 1 月 5—7 日强降温事件过程累计降水量(单位:mm)

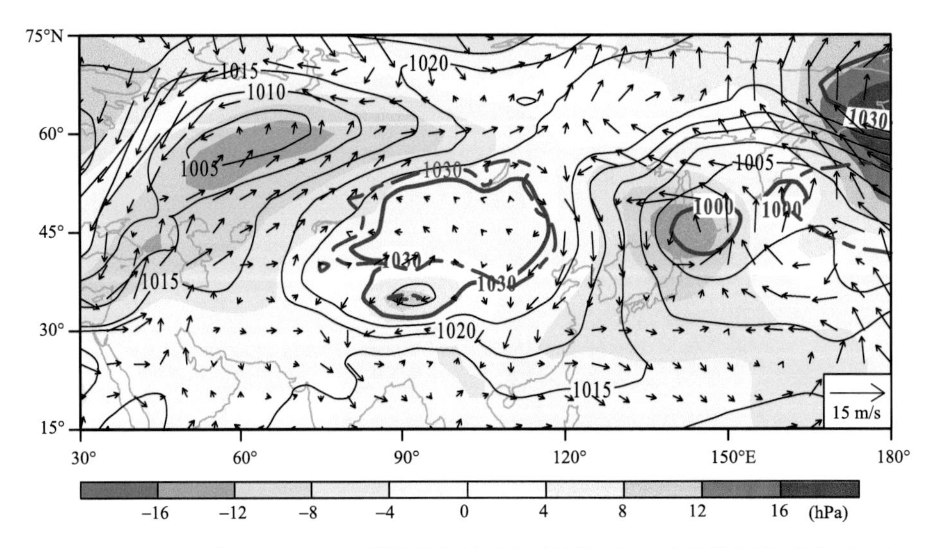

图 2.24.4 2015 年 1 月 5—7 日强降温事件过程平均海平面气压(等值线,单位:hPa)和距平(阴影,单位:hPa)及 850 hPa 水平风场距平(箭头,单位:m/s)。图中粗等值线分别对应 1000 hPa 和 1030 hPa 海平面气压值。实线为本次过程,虚线为气候态

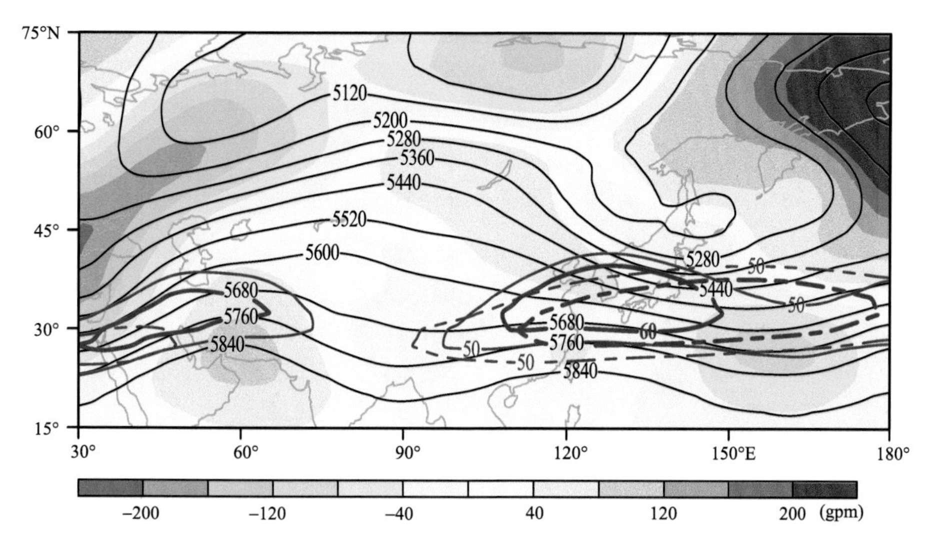

图 2.24.5　2015 年 1 月 5—7 日强降温事件过程平均 500 hPa 位势高度(黑色细等值线,单位:gpm)和位势高度距平(阴影,单位:gpm)及 200 hPa 纬向风速(蓝色粗等值线,仅给出 50 m/s 和 60 m/s 纬向风速)。实线为本次过程,虚线为气候态

事件25 2016年2月11—15日极端强降温过程

2016年2月,全国平均气温为−1.5 ℃,较常年同期偏低0.27 ℃。月平均气温偏低2 ℃以上的区域主要位于新疆西部、内蒙古中部和华南南部(图略)。

2月11—15日的寒潮过程造成全国大部分地区普遍降温8 ℃以上,其中西北地区东部、内蒙古中部、东北地区东南部降温在24 ℃以上。本次过程共有25个测站最大降温幅度达到或超过25 ℃,其中吉林靖宇过程最大降温达32.1 ℃,为本次过程全国之最(图2.25.1)。单日最大降温发生在新疆青河,2月11日日降温为21.6 ℃(图2.25.2)。此次事件带来的大风、降温和雨雪天气对春运正常运行带来不利影响。根据国家气候中心气候影响评价,事件造成河北、山东、山西、内蒙古、重庆、甘肃等地高速公路部分路段临时封闭或通行受阻;大连、沈阳、烟台等地部分航班延误或取消。事件造成中东部地区大范围的雨雪天气,其中东北东南部、华北东部、黄淮、江淮、江南和华南东部有25~50 mm降水(图2.25.3)。

本次事件过程西伯利亚高压异常强大,中心值超过1045 hPa,中心距平值超过16 hPa,其中2月13日的强度标准化值达2.3。500 hPa层,欧亚中高纬度为西高东低型分布,乌拉尔山高压脊向北伸展至70°N附近,中心距平值超过200 gpm。拉普捷夫海东侧为一低涡,但中心位置偏北,日本海附近为一弱脊,东亚槽强度弱。200 hPa西风急流偏西(图2.25.4和图2.25.5)。

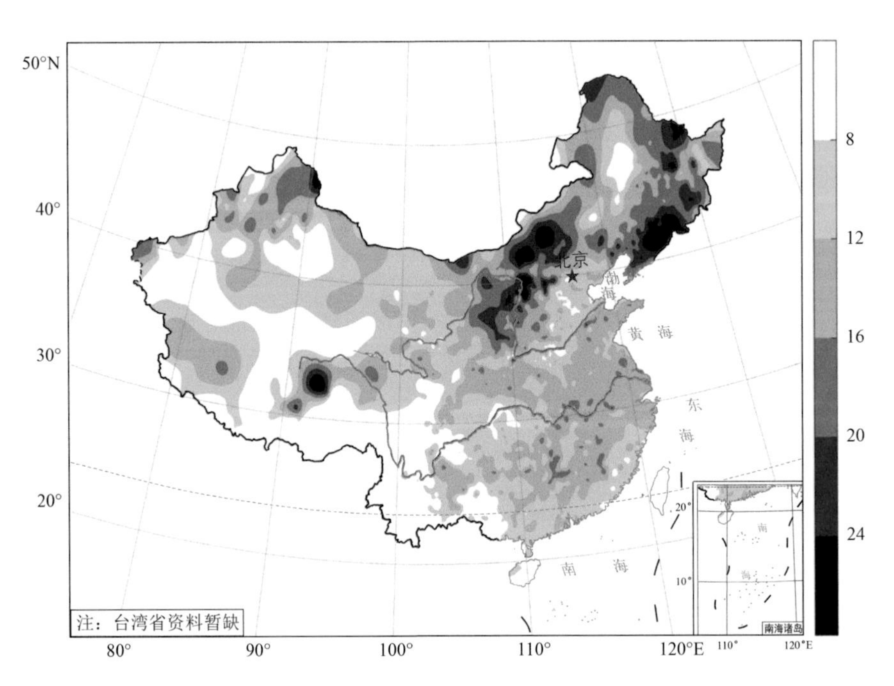

图2.25.1 2016年2月11—15日强降温事件过程最大降温(单位:℃)

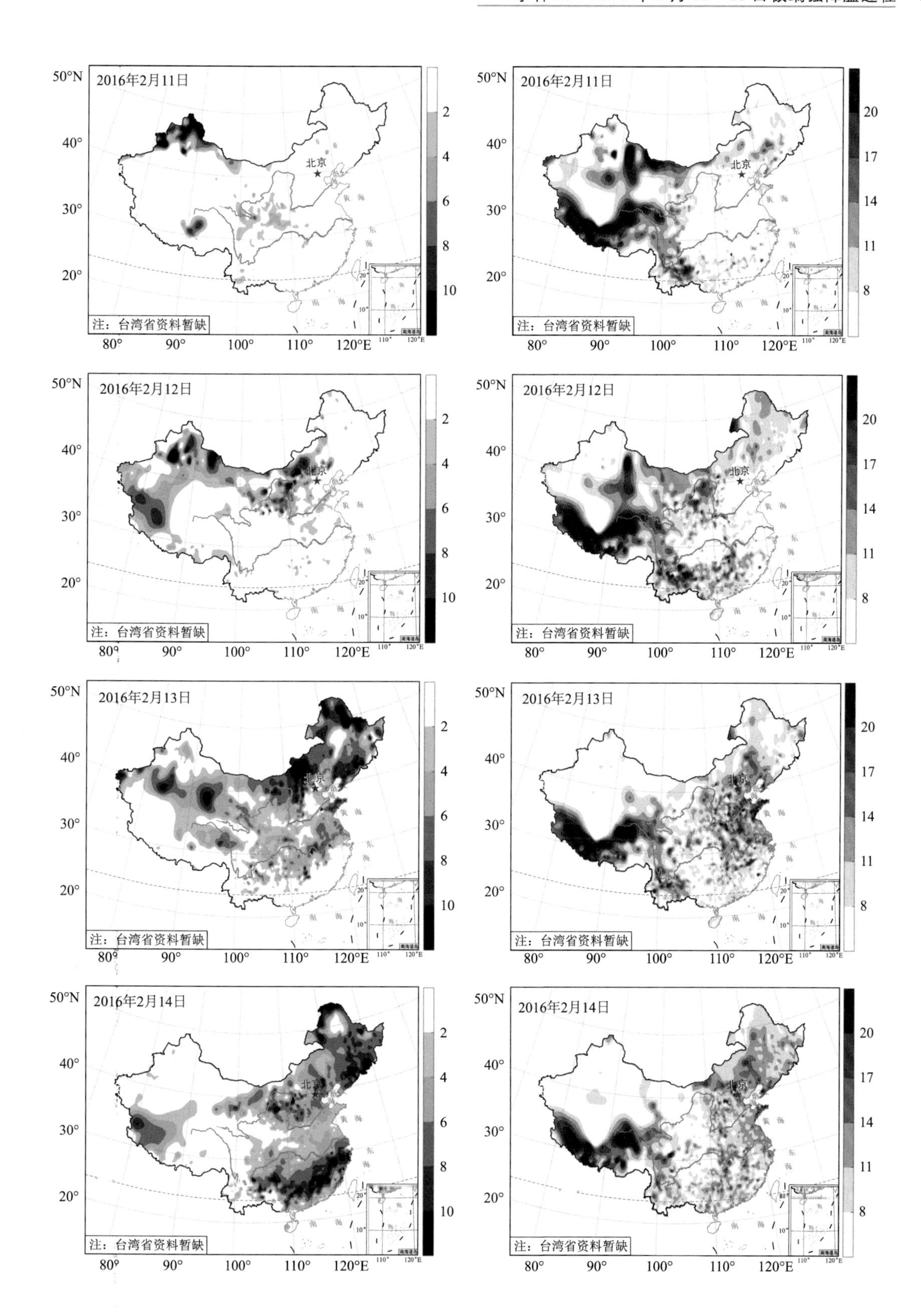
2016年2月11日
2016年2月12日
2016年2月13日
2016年2月14日
北京
注：台湾省资料暂缺
50°N
40°
30°
20°
80°
90°
100°
110°
120°E
2
4
6
8
10
20
17
14
11
8

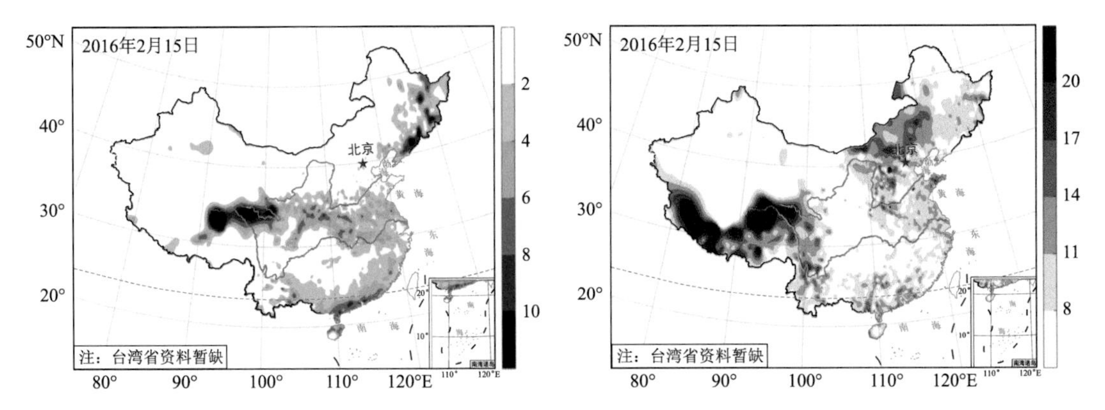

图 2.25.2 2016 年 2 月 11—15 日强降温事件逐日降温(左列,单位:℃)和极大风速(右列,单位:m/s)

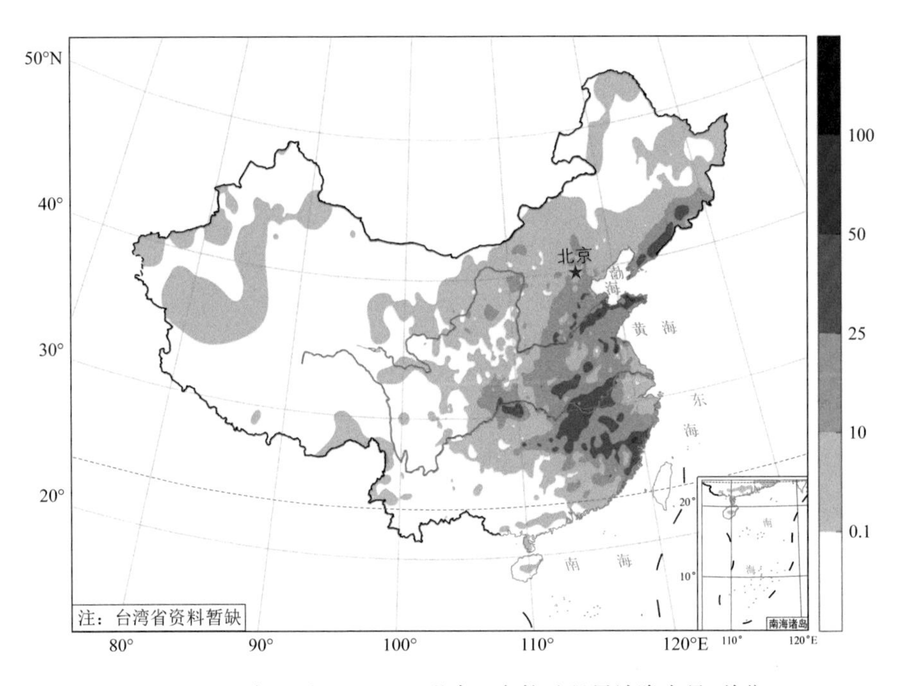

图 2.25.3 2016 年 2 月 11—15 日强降温事件过程累计降水量(单位:mm)

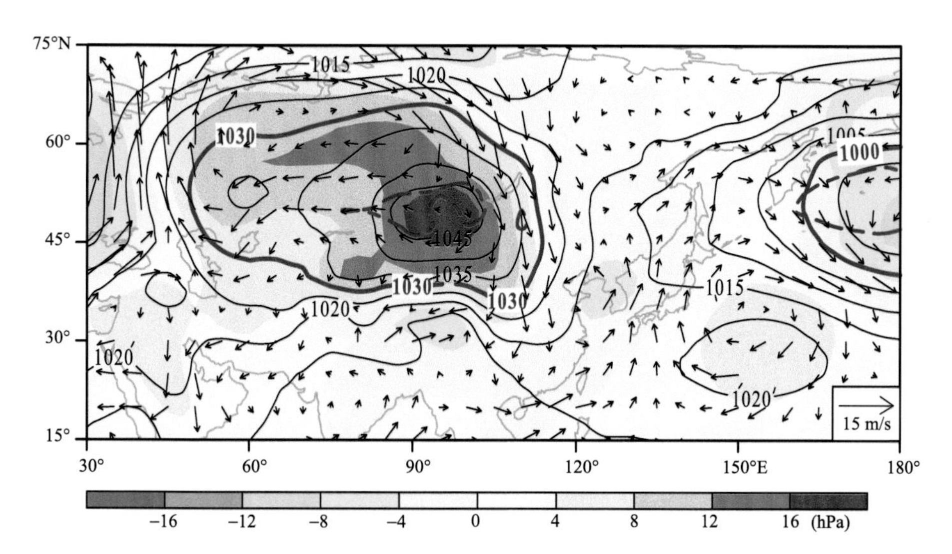

图 2.25.4　2016年2月11—15日强降温事件过程平均海平面气压(等值线,单位:hPa)和距平(阴影,单位:hPa)及850 hPa水平风场距平(箭头,单位:m/s)。图中粗等值线分别对应1000 hPa和1030 hPa海平面气压值。实线为本次过程,虚线为气候态

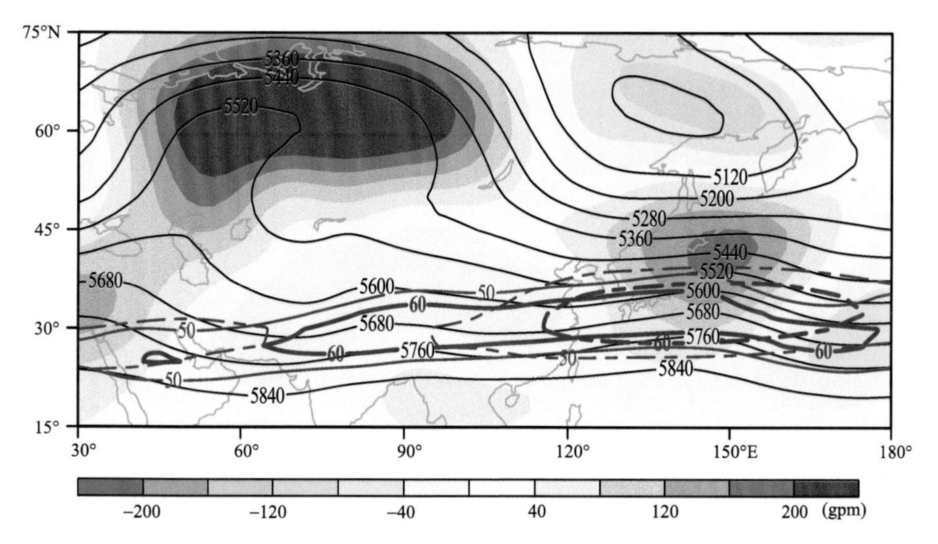

图 2.25.5　2016年2月11—15日强降温事件过程平均500 hPa位势高度(黑色细等值线,单位:gpm)和位势高度距平(阴影,单位:gpm)及200 hPa纬向风速(蓝色粗等值线,仅给出50 m/s和60 m/s纬向风速)。实线为本次过程,虚线为气候态

事件26　2017年1月29—30日极端强降温过程

2017年1月，全国平均气温为－3.39 ℃，较常年同期偏高1.43 ℃。我国大部分地区气温较常年同期偏高(图略)。

1月29—30日的强降温过程造成西北地区东北部、内蒙古中西部、东北地区东部和华北降温8 ℃以上，其中内蒙古中部、东北地区东南部、华北西部降温在16 ℃以上。河北尚义过程最大降温达18.9 ℃，为本次过程全国之最(图2.26.1)。单日最大降温发生在吉林桦甸，1月30日日降温为18.3 ℃。本次过程大风天气主要出现在内蒙古、甘肃、宁夏、东北地区东北部等地(图2.26.2)。雨雪天气主要发生在东北东南部、黄淮东部、江淮及江南东部和华南东部，但强度不强，仅山东半岛有10～25 mm降水。东北地区东部出现小到中雪，黄淮、江淮、江汉、西南地区东部出现小雨或小雨夹雪(图2.26.3)。

本次事件欧亚大部分地区为海平面气压负距平，西伯利亚高压强度接近正常。500 hPa层东亚槽弱于常年。但极涡异常强大且向鄂霍次克海伸展，巴伦支海附近为强高压脊，中心距平值超过200 gpm(图2.26.4和图2.26.5)。

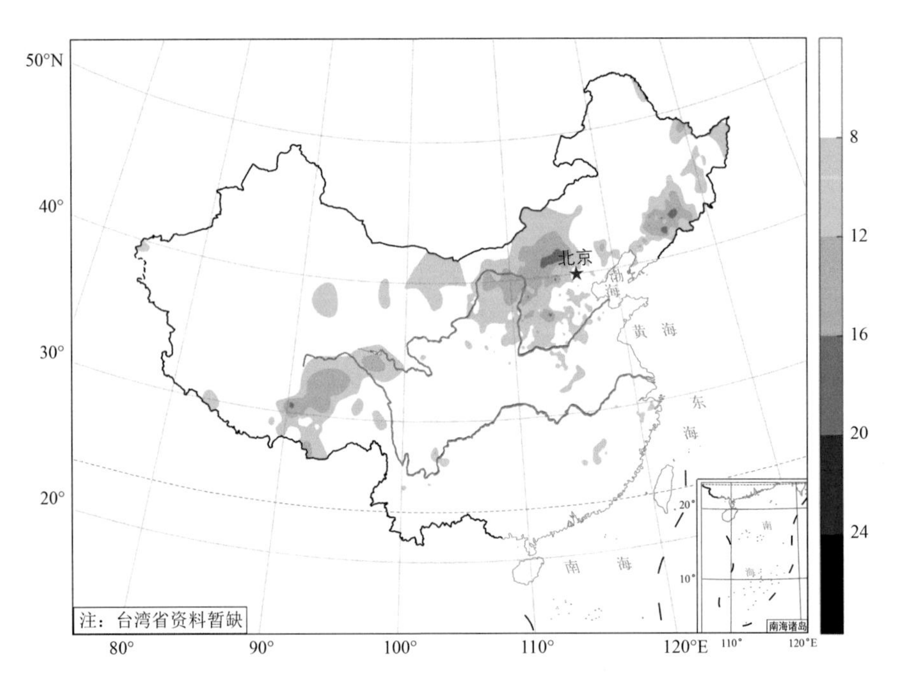

图2.26.1　2017年1月29—30日强降温事件过程最大降温(单位:℃)

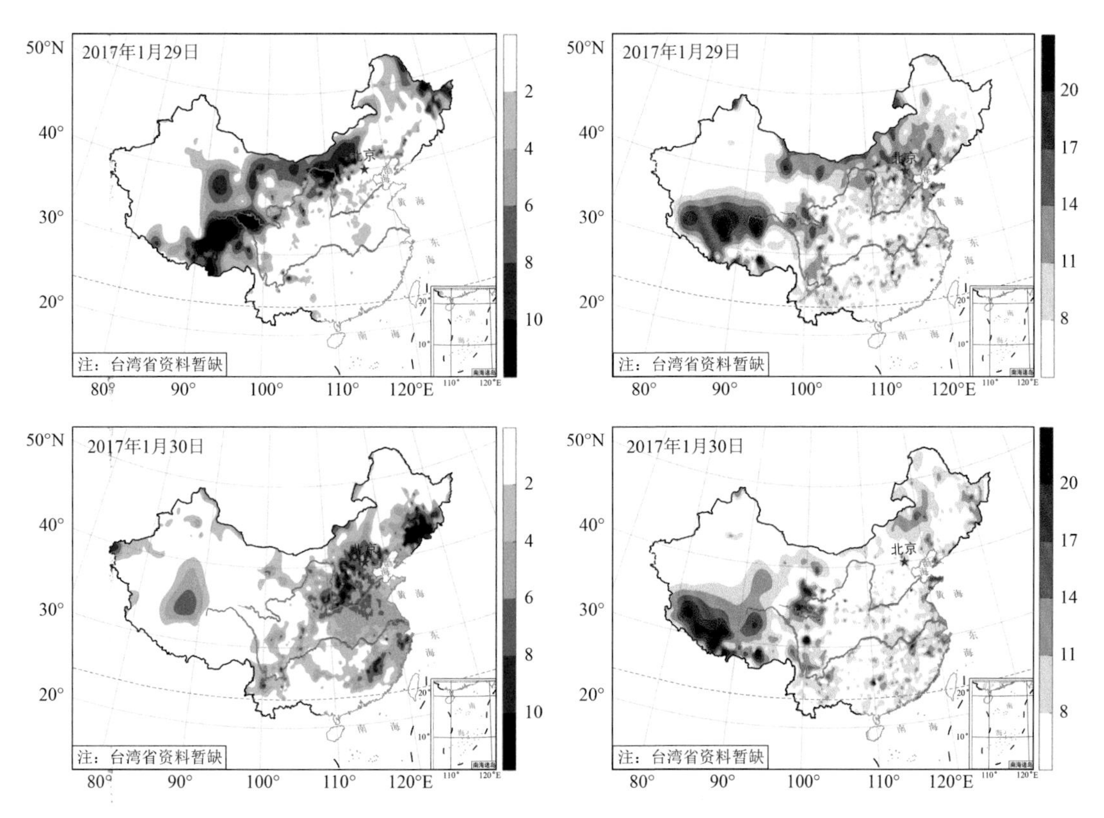

图 2.26.2　2017 年 1 月 29—30 日强降温事件逐日降温(左列,单位:℃)和极大风速(右列,单位:m/s)

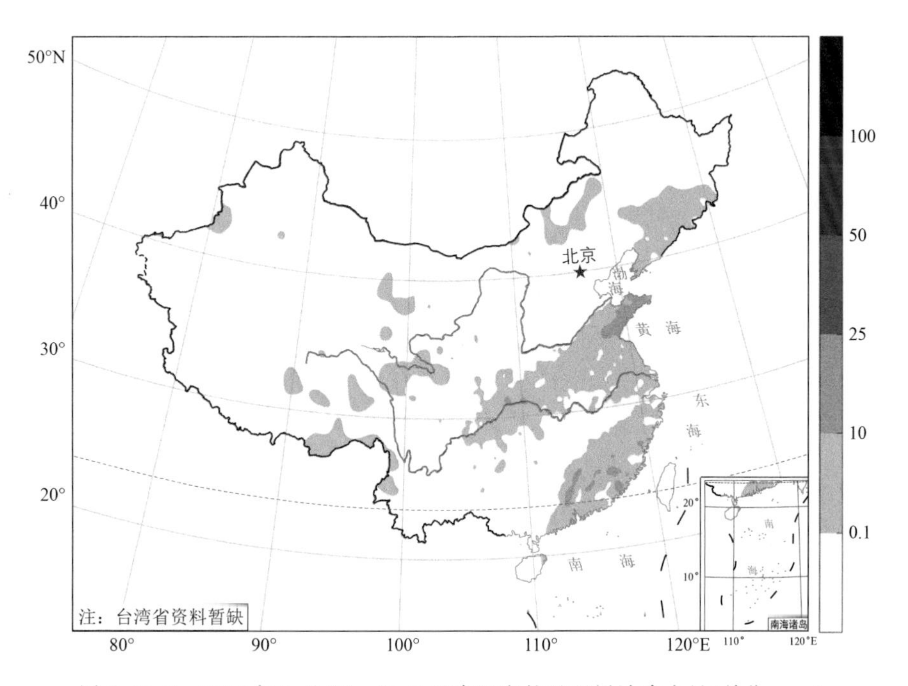

图 2.26.3　2017 年 1 月 29—30 日强降温事件过程累计降水量(单位:mm)

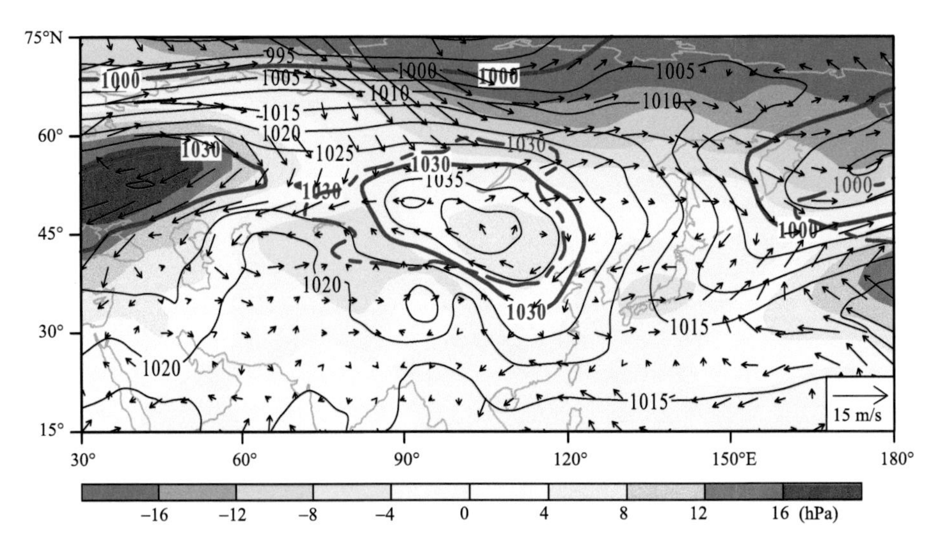

图 2.26.4　2017 年 1 月 29—30 日强降温事件过程平均海平面气压(等值线,单位:hPa)和距平(阴影,单位:hPa)及 850 hPa 水平风场距平(箭头,单位:m/s)。图中粗等值线分别对应 1000 hPa 和 1030 hPa 海平面气压值。实线为本次过程,虚线为气候态

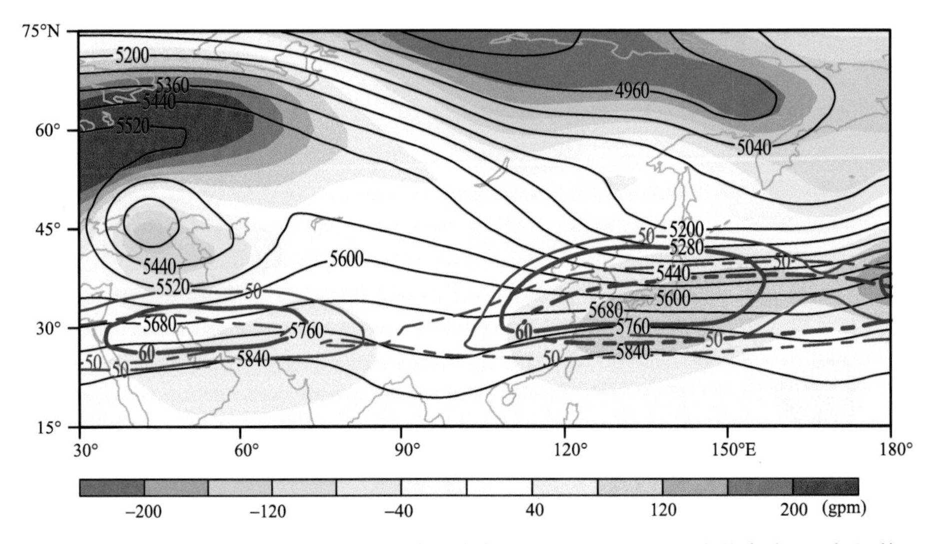

图 2.26.5　2017 年 1 月 29—30 日强降温事件过程平均 500 hPa 位势高度(黑色细等值线,单位:gpm)和位势高度距平(阴影,单位:gpm)及 200 hPa 纬向风速(蓝色粗等值线,仅给出 50 m/s 和 60 m/s 纬向风速)。实线为本次过程,虚线为气候态

事件 27　2017 年 2 月 20—23 日极端强降温过程

2017 年 2 月，全国平均气温为−0.02 ℃，较常年同期偏高 1.21 ℃。空间分布上，全国大部偏暖（图略）。

2 月 20—23 日的寒潮过程造成新疆、西北地区、内蒙古、东北地区中部和南部、华北、黄淮、江汉、江南中西部、华南及西南地区东部普遍降温 8 ℃以上，其中新疆北部、内蒙古中部降温在 24 ℃以上。本次过程共有 5 个测站最大降温幅度达到或超过 25 ℃，包括山西（4 站）和内蒙古（1 站），其中山西右玉过程最大降温达 31.8 ℃，为本次过程全国之最（图 2.27.1）。单日最大降温发生在湖南蓝山，2 月 22 日日降温为 16.2 ℃。新疆北部、河套地区、内蒙古东部、东北地区、华北地区、黄淮、江淮、江南北部等地先后出现 6～8 级大风（图 2.27.2）。全国大部均有雨雪天气，除华南西南部外，黄淮以南降水量普遍在 10～25 mm，湖南北部和云南西北部有 50～100 mm 降水（图 2.27.3）。

本次过程，西伯利亚高压强度弱于常年，2 月 20—23 日连续 4 日均为负距平，但阿留申低压强大，中心距平值低于−20 hPa。对流层中层，贝加尔湖以西地区为一高压脊，鄂霍次克海至白令海西侧为一“西北—东南”向横槽。200 hPa 西风急流西侧的强度明显强于其气候值（图 2.27.4 和图 2.27.5）。

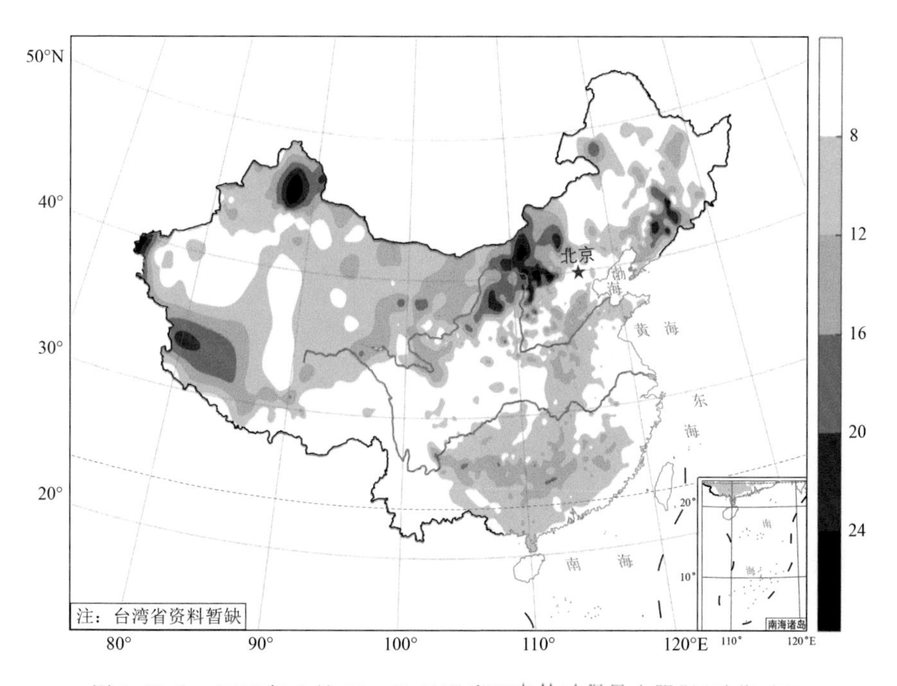

图 2.27.1　2017 年 2 月 20—23 日强降温事件过程最大降温（单位：℃）

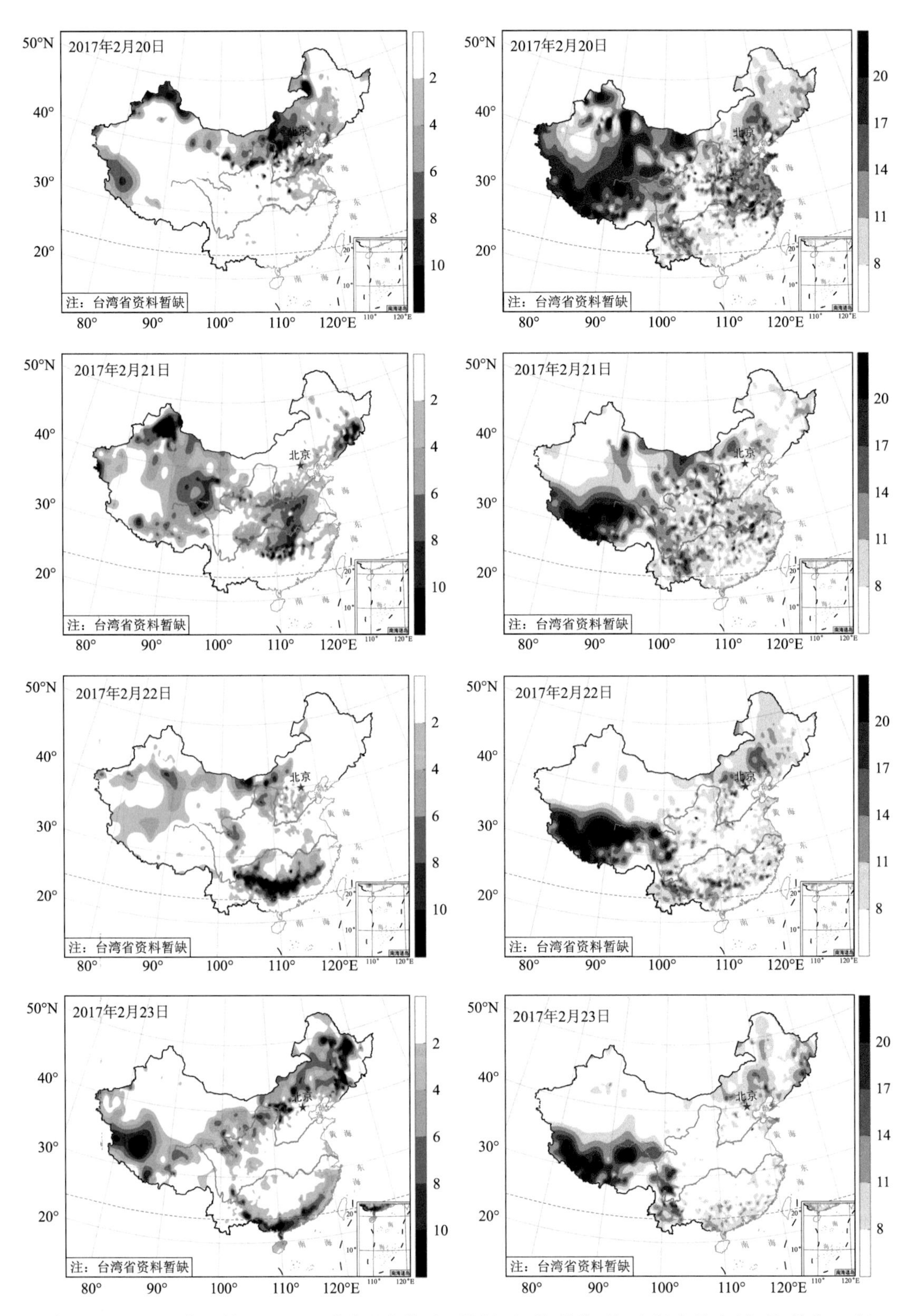

图 2.27.2　2017 年 2 月 20—23 日强降温事件逐日降温（左列，单位：℃）和极大风速（右列，单位：m/s）

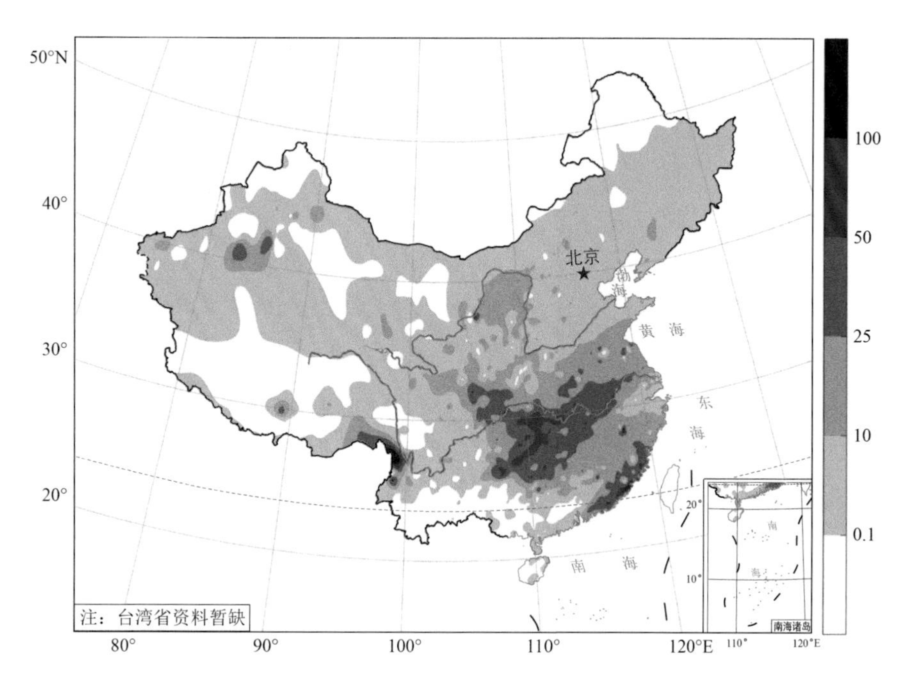

图 2.27.3　2017 年 2 月 20—23 日强降温事件过程累计降水量(单位:mm)

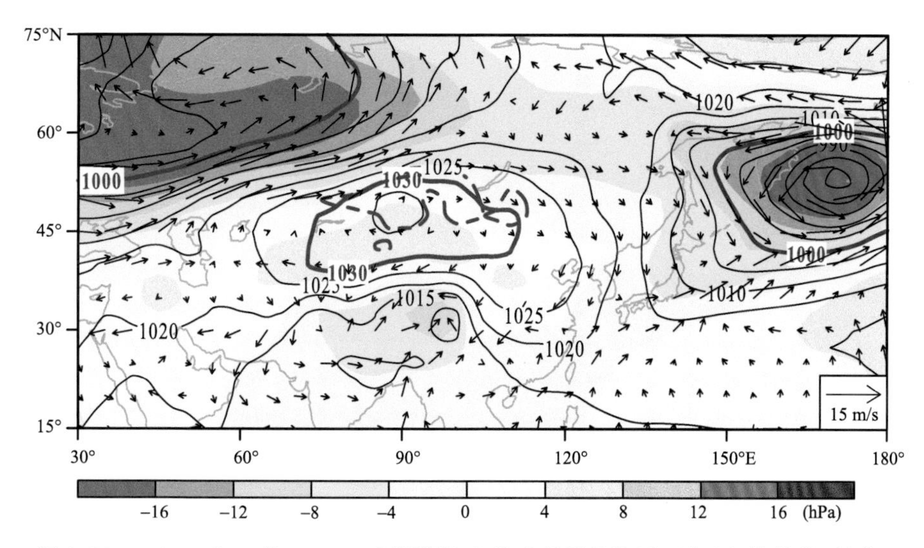

图 2.27.4　2017 年 2 月 20—23 日强降温事件过程平均海平面气压(等值线,单位:hPa)和距平(阴影,单位:hPa)及 850 hPa 水平风场距平(箭头,单位:m/s)。图中粗等值线分别对应 1000 hPa 和 1030 hPa 海平面气压值。实线为本次过程,虚线为气候态

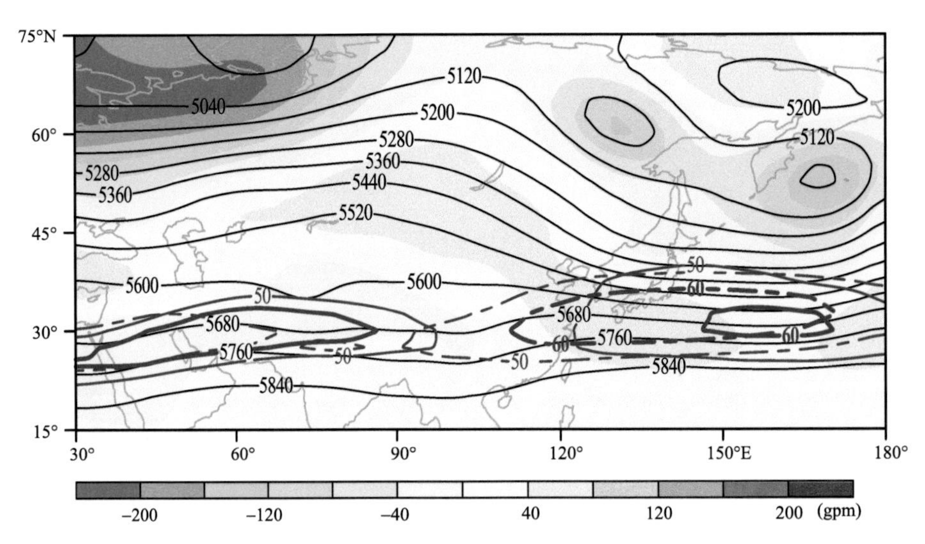

图 2.27.5 2017 年 2 月 20—23 日强降温事件过程平均 500 hPa 位势高度(黑色细等值线,单位:gpm)和位势高度距平(阴影,单位:gpm)及 200 hPa 纬向风速(蓝色粗等值线,仅给出 50 m/s 和 60 m/s 纬向风速)。实线为本次过程,虚线为气候态

事件 28　2018 年 12 月 1—4 日极端强降温过程

2018 年 12 月，全国平均气温为－3.8 ℃，较常年同期偏低 0.82 ℃。月平均气温距平小于－2 ℃的地区主要位于新疆大部、内蒙古中西部和西北地区北部(图略)。

12 月 1—4 日的强降温事件影响主要在我国北方，新疆北部、西北地区大部、内蒙古和东北地区降温 8 ℃以上，其中内蒙古东部降温在 20 ℃以上。本次过程共有 2 个测站最大降温幅度超过 25 ℃，均在内蒙古，其中阿尔山过程最大降温达 28.4 ℃，为本次过程全国之最(图 2.28.1)。单日最大降温发生在内蒙古霍林郭勒，12 月 3 日降温为 18.8 ℃(图 2.28.2)。东北地区东南部、黄淮、江淮、江南西北部和华南西部累计降水量有 10～25 mm，江西北部降水量有 50～100 mm(图 2.28.3)。

本次强降温过程极地高压向西南延伸，导致西伯利亚高压西段强、东段弱，同时阿留申低压强度也弱。虽然东亚槽强度弱于常年，但 500 hPa 层乌拉尔山地区高压脊强大，同时贝加尔湖附近为低涡中心，其西侧负距平中心低于－200 gpm，上游地区环流经向度大(图 2.28.4 和图 2.28.5)。

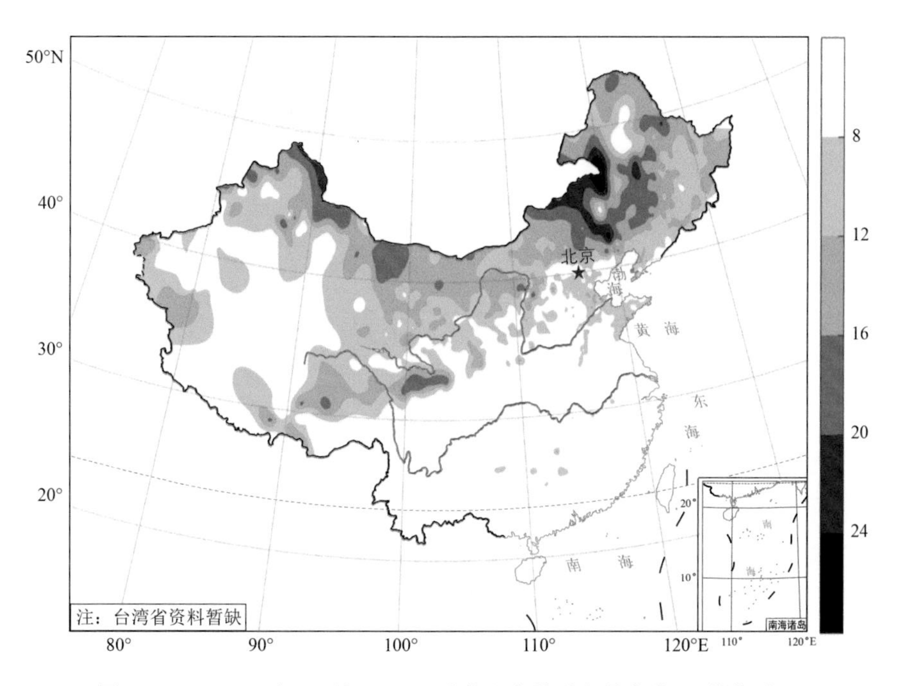

图 2.28.1　2018 年 12 月 1—4 日强降温事件过程最大降温(单位：℃)

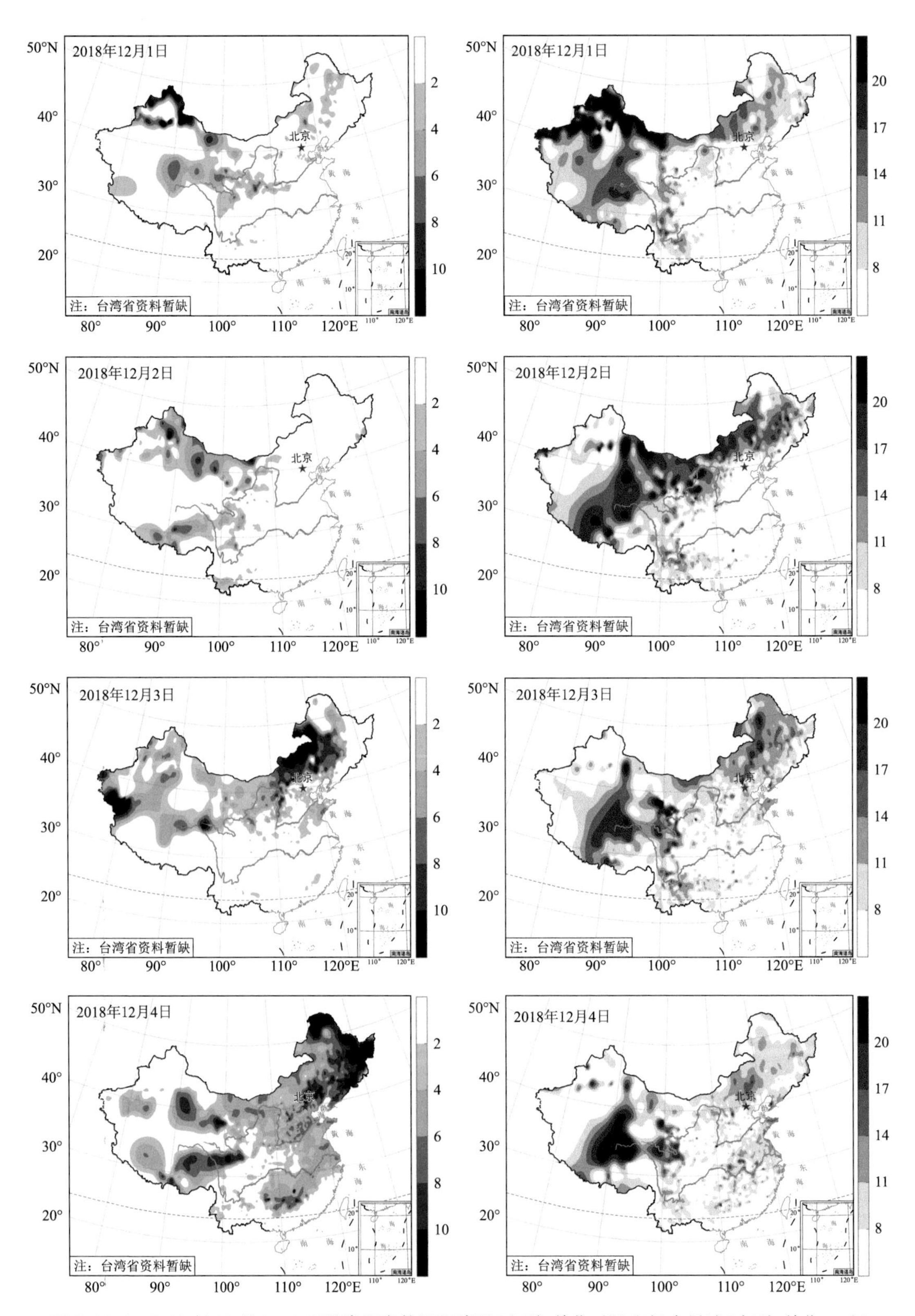

图 2.28.2 2018 年 12 月 1—4 日强降温事件逐日降温(左列,单位:℃)和极大风速(右列,单位:m/s)

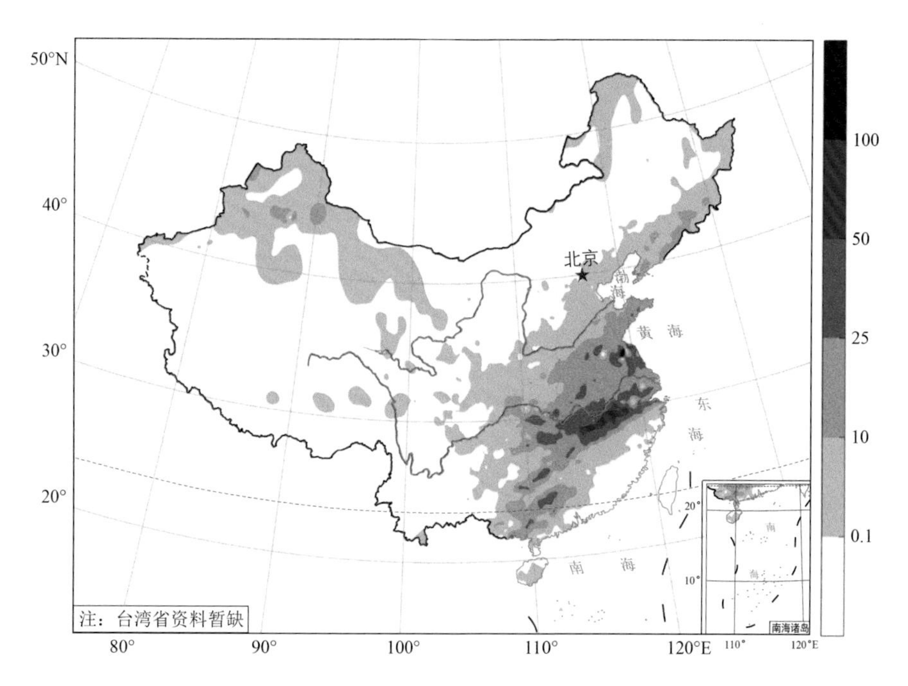

图 2.28.3　2018 年 12 月 1—4 日强降温事件过程累计降水量(单位:mm)

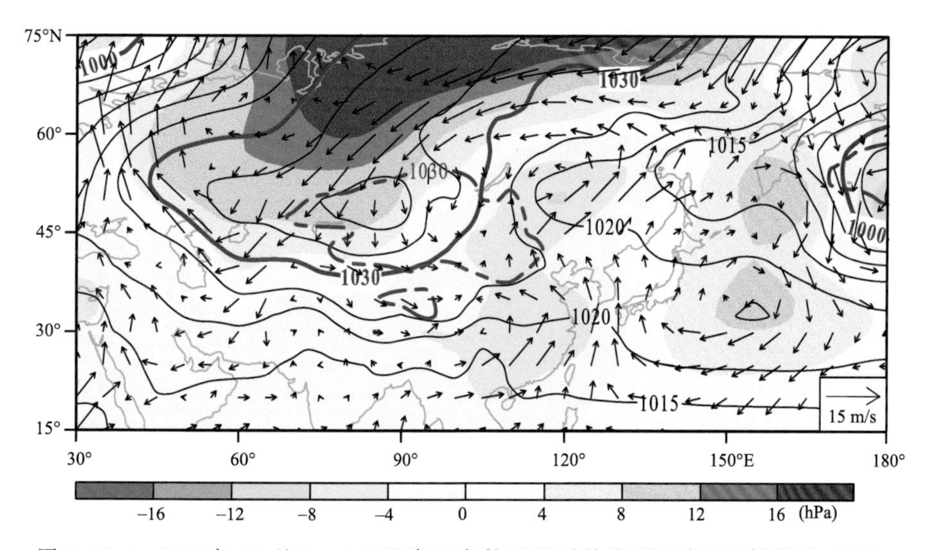

图 2.28.4　2018 年 12 月 1—4 日强降温事件过程平均海平面气压(等值线,单位:hPa)和距平(阴影,单位:hPa)及 850 hPa 水平风场距平(箭头,单位:m/s)。图中粗等值线分别对应 1000 hPa 和 1030 hPa 海平面气压值。实线为本次过程,虚线为气候态

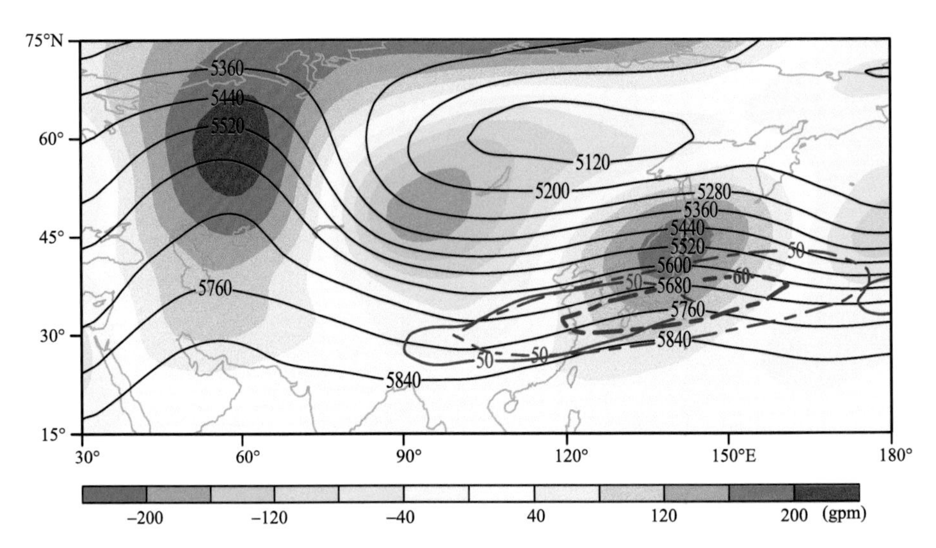

图 2.28.5　2018 年 12 月 1—4 日强降温事件过程平均 500 hPa 位势高度(黑色细等值线,单位:gpm)和位势高度距平(阴影,单位:gpm)及 200 hPa 纬向风速(蓝色粗等值线,仅给出 50 m/s 和 60 m/s 纬向风速)。实线为本次过程,虚线为气候态

事件 29　2018 年 12 月 5—7 日极端强降温过程

2018 年 12 月气温距平分布在前一次事件已有说明，这里不再重复。

2018 年 12 月 5—7 日的强降温事件造成西北地区东北部、内蒙古中部和西部、东北地区、华北、江南东部及华南西部等地降温 8 ℃以上，其中内蒙古中部降温在 12 ℃以上。吉林长白过程最大降温达 18.4 ℃，为本次过程全国之最（图 2.29.1）。单日最大降温发生在内蒙古四子王，12 月 6 日降温为 11.2 ℃（图 2.29.2）。由于本次强降温过程紧接在前一次事件之后，因此从降温幅度看并非很强，但北方大部气温负距平小于－4 ℃。降温还造成内蒙古、华北等地 4～6 级风，江淮和江南等地有 10～25 mm 降水。根据国家气候中心评估，大风和雨雪天气使南方油菜晚弱苗遭受霜冻害，阴雨天气影响了柑橘等经济林果采收。同时，受雨雪和路面结冰等影响，南方多省高速公路封闭，湖南、贵州发生多起交通事故（图 2.29.3）。

本次过程西伯利亚高压异常强大，5—7 日强度标准化值均超过 2.0，且高压向北伸展至 70°N，其东侧盛行很强的北风距平。500 hPa 场上，乌拉尔山高压脊伸至巴伦支海以北的极区，同时在鄂霍次克海为一低涡中心，低涡西南侧的位势高度负距平低于－200 gpm，这就使环流的经向度加强，引导极区冷空气南下。和气候态相比，200 hPa 西风急流中心位置偏西（图 2.29.4 和图 2.29.5）。

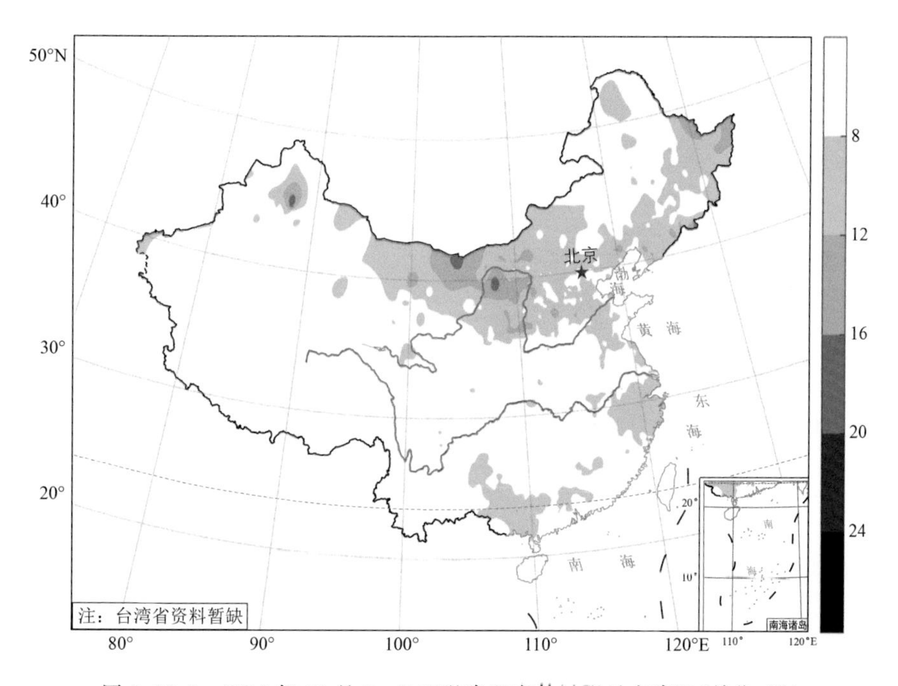

图 2.29.1　2018 年 12 月 5—7 日强降温事件过程最大降温（单位：℃）

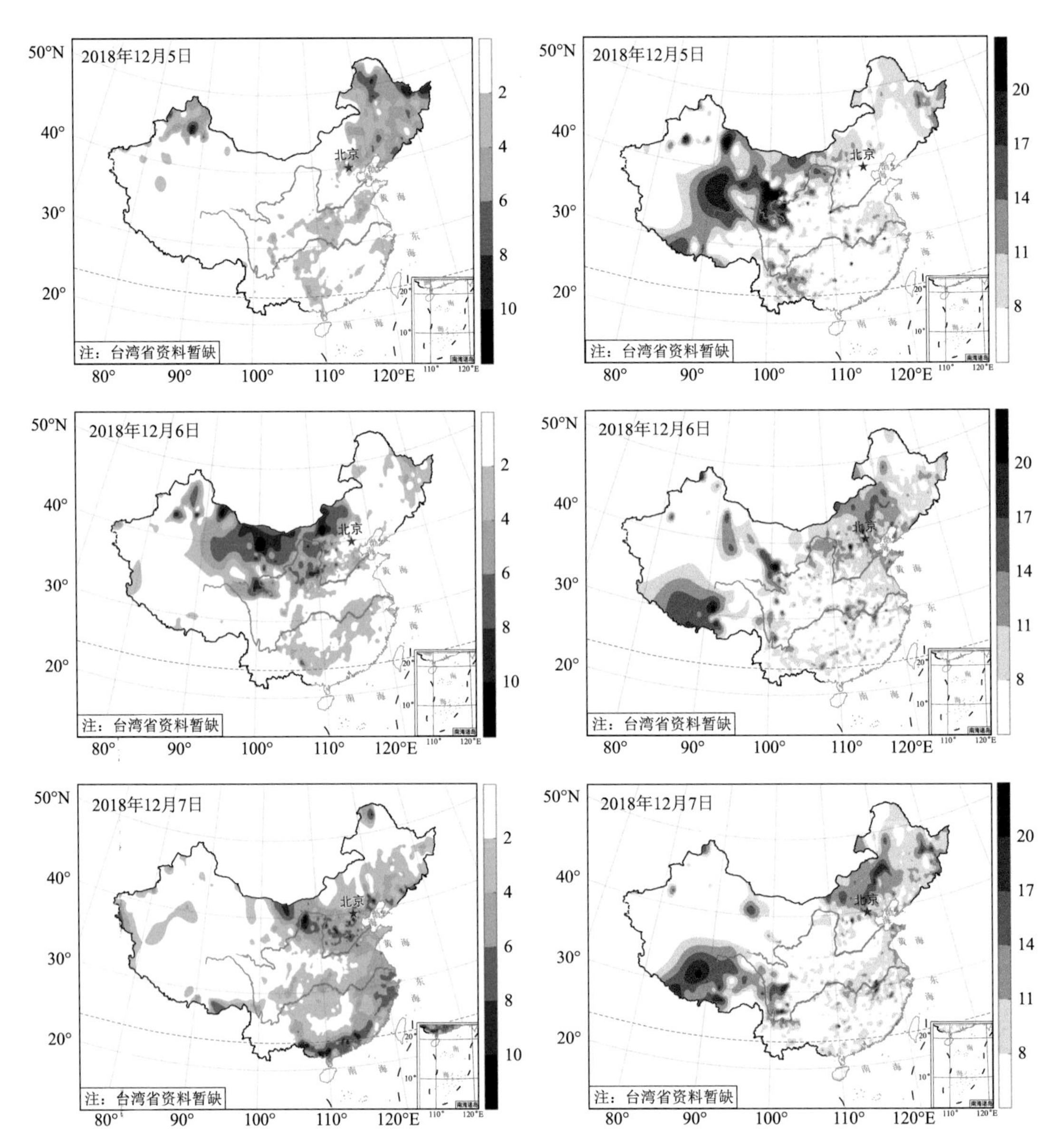

图 2.29.2 2018 年 12 月 5—7 日强降温事件逐日降温(左列,单位:℃)和极大风速(右列,单位:m/s)

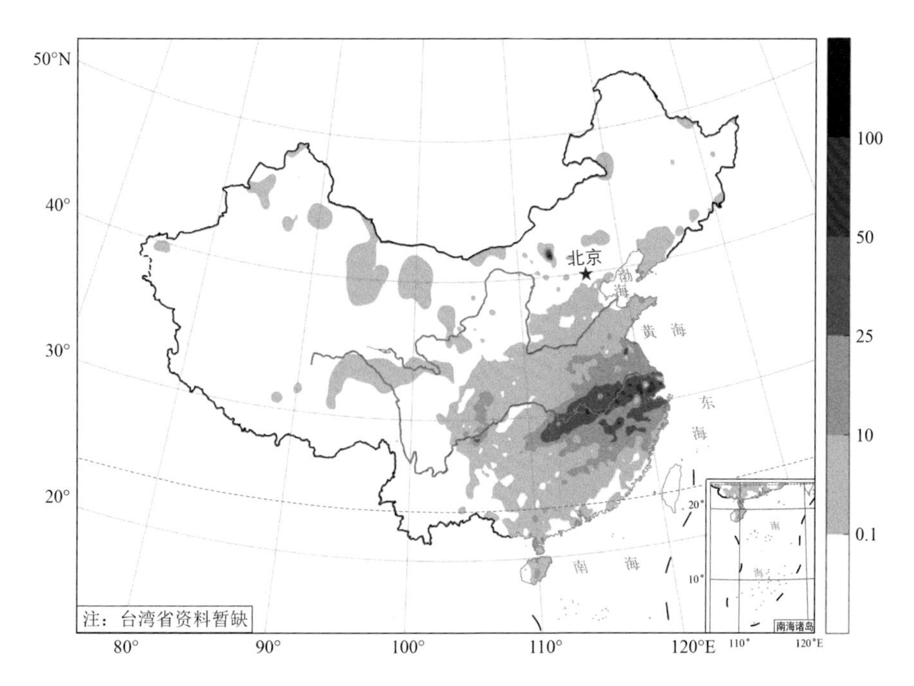

图 2.29.3　2018 年 12 月 5—7 日强降温事件过程累计降水量(单位:mm)

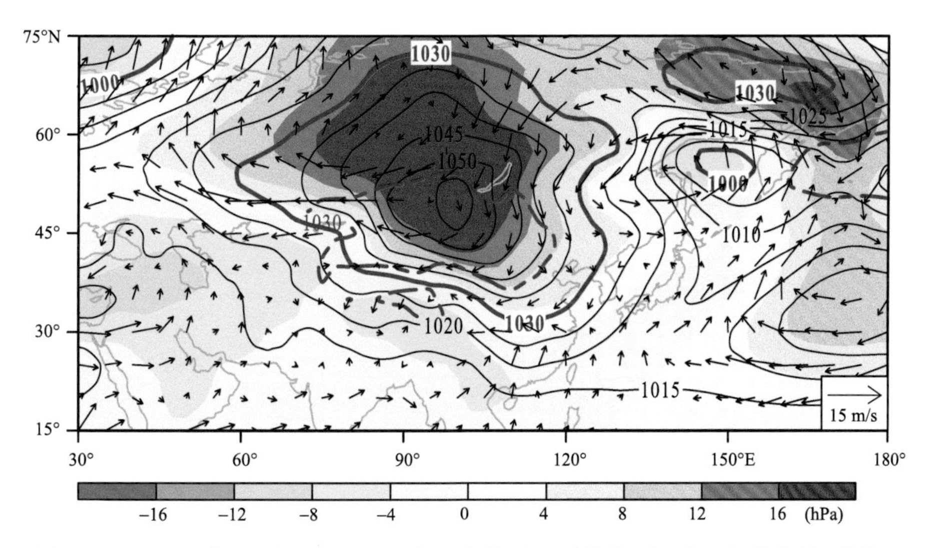

图 2.29.4　2018 年 12 月 5—7 日强降温事件过程平均海平面气压(等值线,单位:hPa)和距平(阴影,单位:hPa)及 850 hPa 水平风场距平(箭头,单位:m/s)。图中粗等值线分别对应 1000 hPa 和 1030 hPa 海平面气压值。实线为本次过程,虚线为气候态

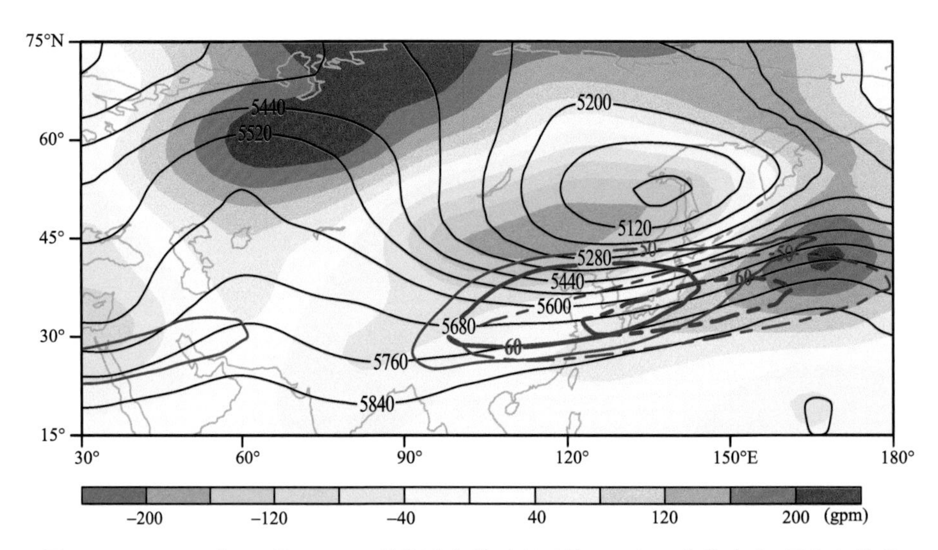

图 2.29.5 2018 年 12 月 5—7 日强降温事件过程平均 500 hPa 位势高度（黑色细等值线，单位：gpm）和位势高度距平（阴影，单位：gpm）及 200 hPa 纬向风速（蓝色粗等值线，仅给出 50 m/s 和 60 m/s 纬向风速）。实线为本次过程，虚线为气候态

事件 30　2019 年 2 月 6—9 日极端强降温过程

2019 年 2 月，全国平均气温为－1.34 ℃，较常年同期偏低 0.11 ℃。月平均气温距平小于－2 ℃的地区主要位于新疆北部、内蒙古中部和西部、江汉、江南西部及华南中北部等地（图略）。

2 月 6—9 日的寒潮过程造成新疆北部、西北地区东北部、内蒙古中部和西部、东北地区东部、华北北部、江南南部及华南北部等地降温 8 ℃以上，其中内蒙古中部降温在 20 ℃以上。本次过程共有 4 个测站最大降温幅度超过 25 ℃，包括内蒙古（2 站）、山西（1 站）和吉林（1 站），其中内蒙古清水河过程最大降温达 26 ℃，为本次过程全国之最（图 2.30.1）。单日最大降温发生在吉林二道，12 月 7 日单日降温为 16.2 ℃。强降温期间中东部大部分地区出现 4～6 级偏北风（图 2.30.2）。淮河和江南东部累计降水量有 10～25 mm。监测显示，西北地区东部、华北西部、黄淮、江淮、江汉、江南东北部等地出现小到中雪或雨夹雪，其中西藏聂拉木出现特大暴雪；江南、华南、西南地区东部出现小到中雨，局地大雨（图 2.30.3）。

本次强降温事件期间，西伯利亚高压异常强大且位置偏北，1030 hPa 等值线向北伸展至 75°N。其中 2 月 7—9 日强度标准化值连续超过 2.2。500 hPa 场上，新地岛以东为高压脊，鄂霍次克海和白令海为强大的低涡中心，低涡向西南方向伸展，形成一宽广横槽并位于高压脊南侧，加大了环流的经向度。200 hPa 西风急流位置偏西（图 2.30.4 和图 2.30.5）。

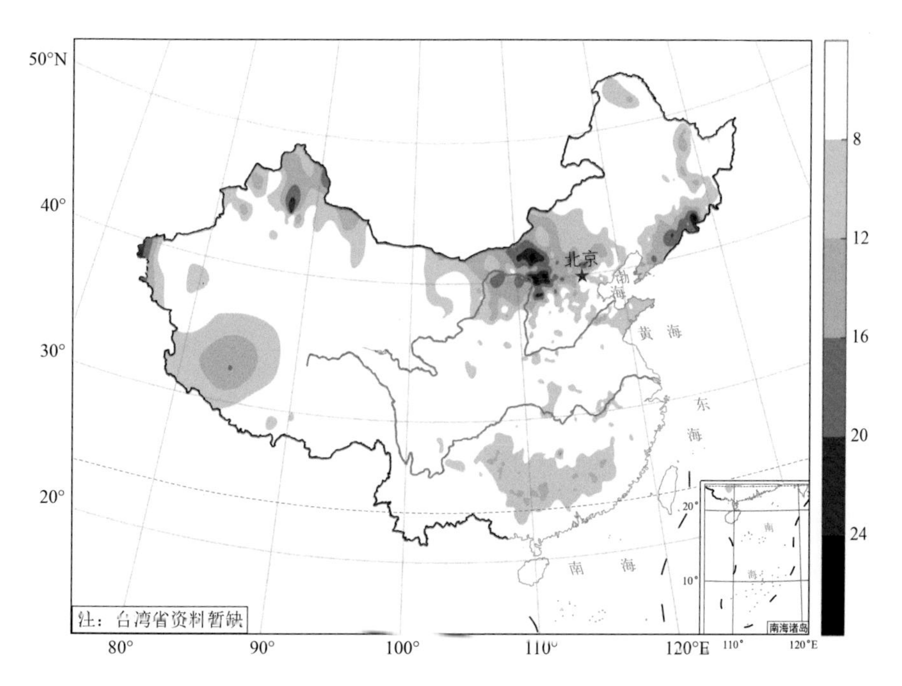

图 2.30.1　2019 年 2 月 6—9 日强降温事件过程最大降温（单位：℃）

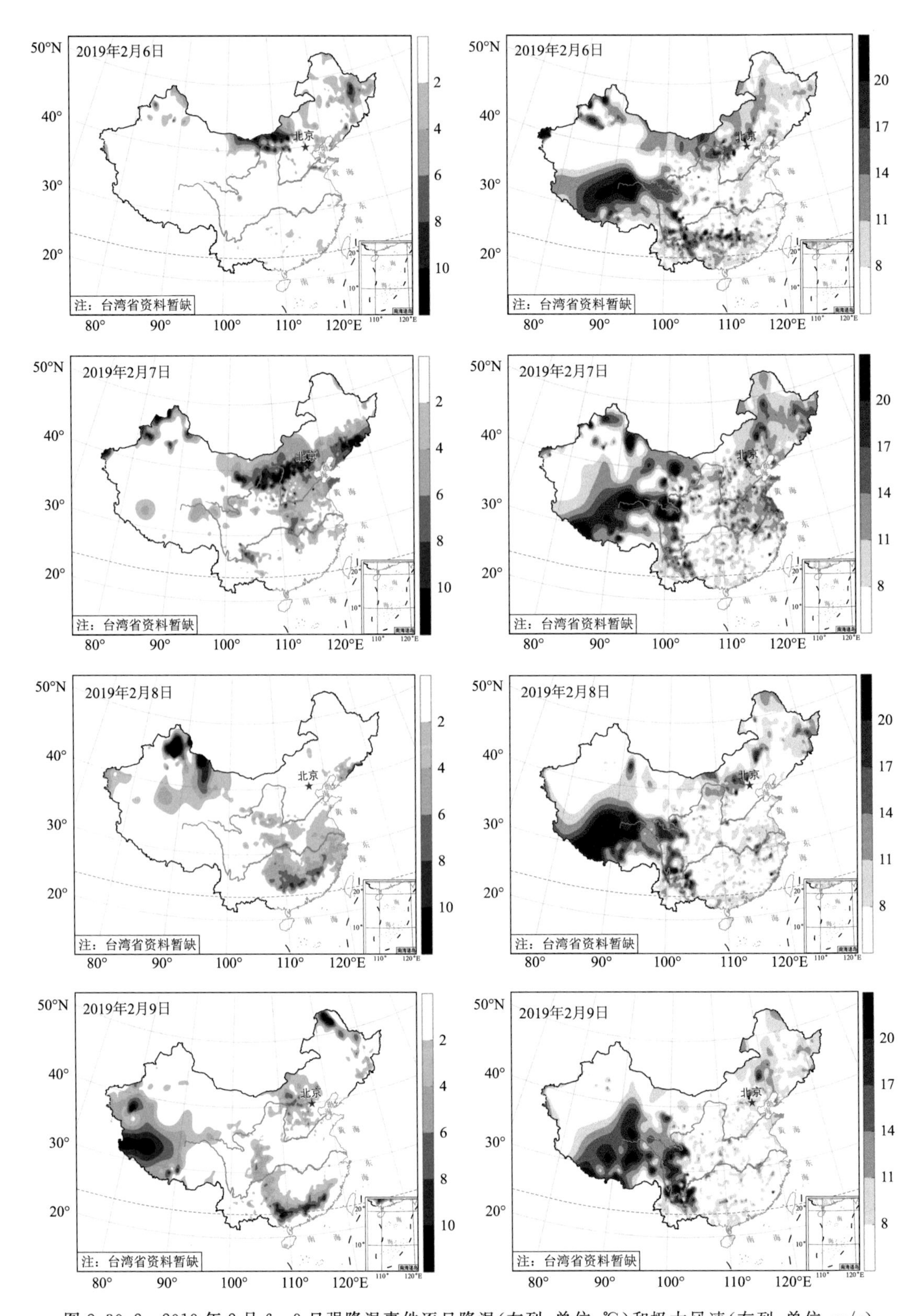

图 2.30.2　2019 年 2 月 6—9 日强降温事件逐日降温(左列，单位：℃)和极大风速(右列，单位：m/s)

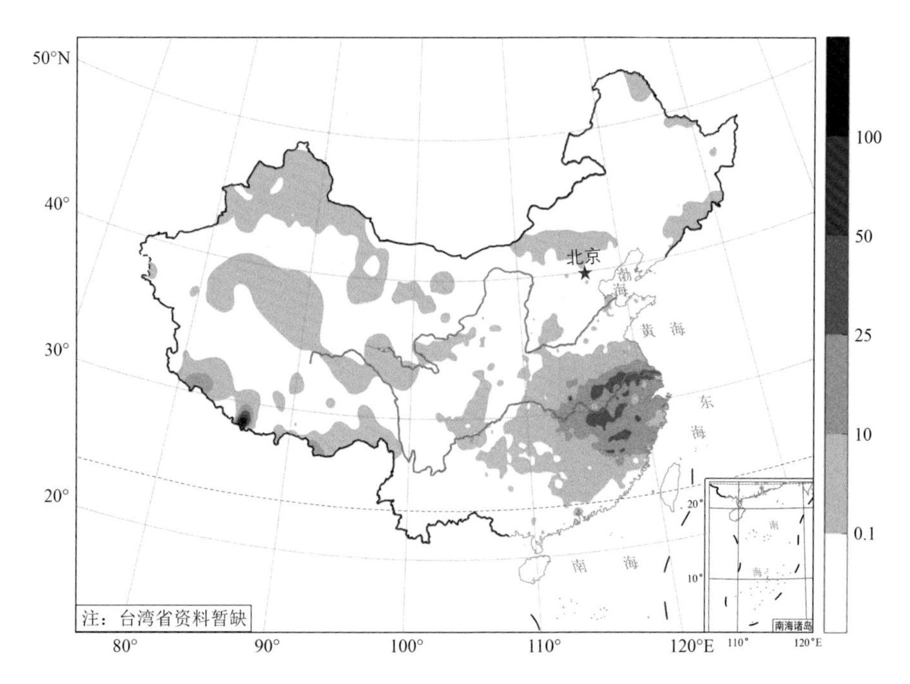

图 2.30.3　2019 年 2 月 6—9 日强降温事件过程累计降水量(单位:mm)

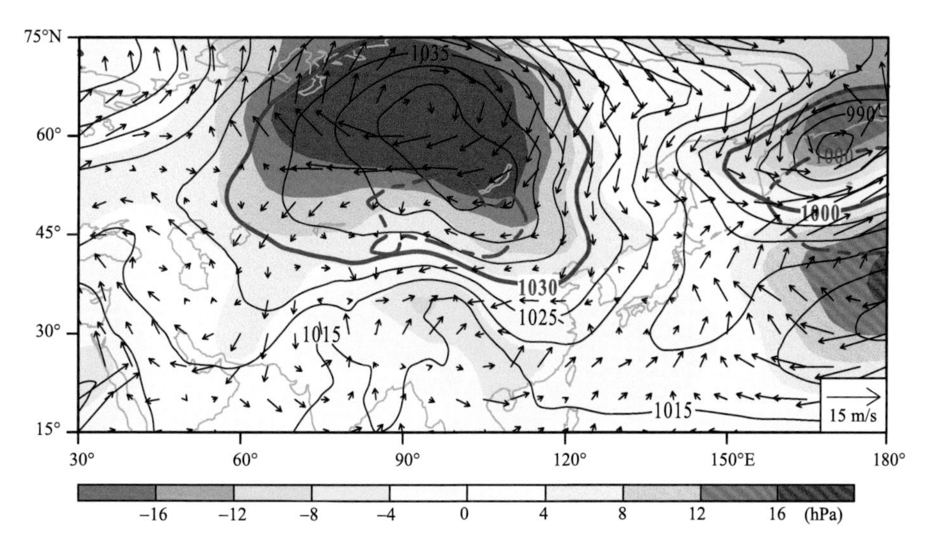

图 2.30.4　2019 年 2 月 6—9 日强降温事件过程平均海平面气压(等值线,单位:hPa)和距平(阴影,单位:hPa)及 850 hPa 水平风场距平(箭头,单位:m/s)。图中粗等值线分别对应 1000 hPa 和 1030 hPa 海平面气压值。实线为本次过程,虚线为气候态

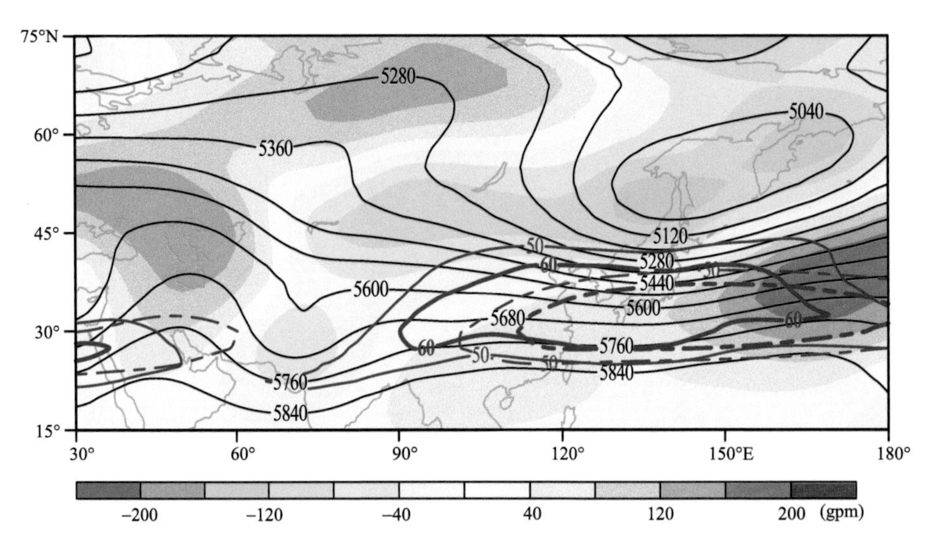

图 2.30.5 2019 年 2 月 6—9 日强降温事件过程平均 500 hPa 位势高度(黑色细等值线,单位:gpm)和位势高度距平(阴影,单位:gpm)及 200 hPa 纬向风速(蓝色粗等值线,仅给出 50 m/s 和 60 m/s 纬向风速)。实线为本次过程,虚线为气候态

事件 31　2020 年 2 月 14—17 日极端强降温过程

2020 年 2 月，全国平均气温为－0.07 ℃，较常年同期偏高 1.16 ℃。除西南地区外全国气温均偏暖，青海与四川交界处的部分地区月气温距平低于－2 ℃（图略）。

2 月 14—17 日的寒潮过程造成西北地区东部、内蒙古、东北地区、华北、黄淮、江淮、江汉、江南、华南、西南地区东部普遍降温 8 ℃以上，其中内蒙古东部和东北地区降温在 20 ℃以上。辽宁抚顺过程最大降温达 23.5 ℃，为本次过程全国之最（图 2.31.1）。单日最大降温发生在湖南南岳，12 月 15 日单日降温为 18.2 ℃（图 2.31.2）。强降温期间中东部出现 4～6 级偏北风，西北地区东部、华北西部和北部、江汉、江南出现了 8～9 级风（曹爽 等，2020）。强降温造成我国东北地区东南部至华南降水量普遍有 10～25 mm，华南等地降水量有 50～100 mm，广东英德累计降水 147.9 mm（图 2.31.3）。国家气候中心监测显示，内蒙古大部、东北、华北东部、黄淮、江淮、江汉、江南、华南以及新疆中西部出现降雪（雨）天气，广东、广西等地出现大雨或暴雨。此外，强降温给河南、湖北、安徽、湖南、江西、重庆、广东、广西等地带来冰雹、大风、雷电、冰冻等灾害性天气。此次过程对多省设施农业、交通、电力、通信等产生了较大影响。

本次过程西伯利亚高压范围宽广，1030 hPa 等值线覆盖了从我国东部沿海到黑海附近的大范围地区。其强度也较强，14—16 日强度标准化值分别为 2.0、1.6 和 1.2。同时阿留申低压向西南伸展，日本海地区为气压负距平中心，但强度不强。500 hPa 场上，贝加尔湖地区高压脊强大，中心距平值超过 200 gpm。和地面日本海气压负距平相对应，500 hPa 层该地区也有一个位势高度负距平区（图 2.31.4 和图 2.31.5）。

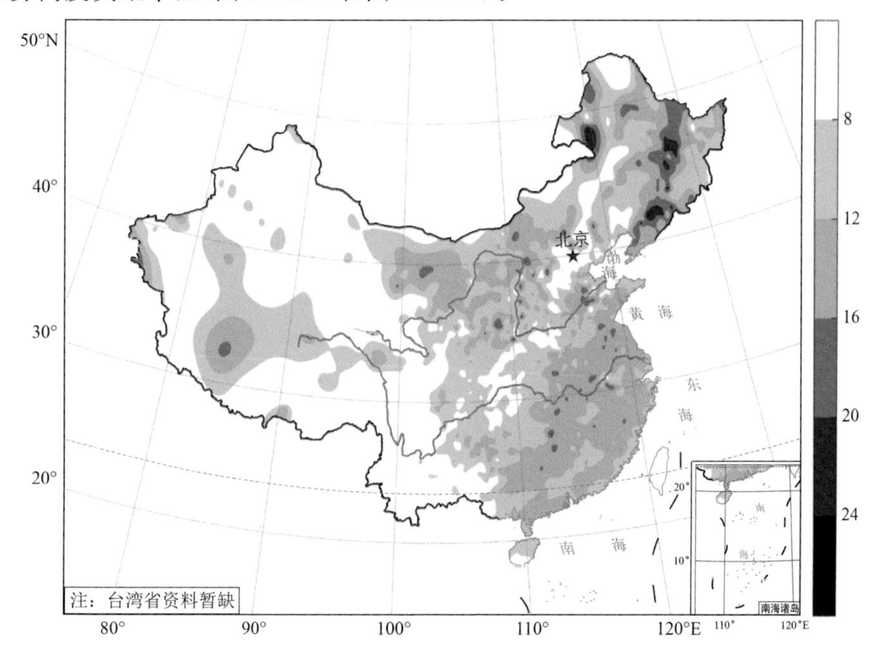

图 2.31.1　2020 年 2 月 14—17 日强降温事件过程最大降温（单位：℃）

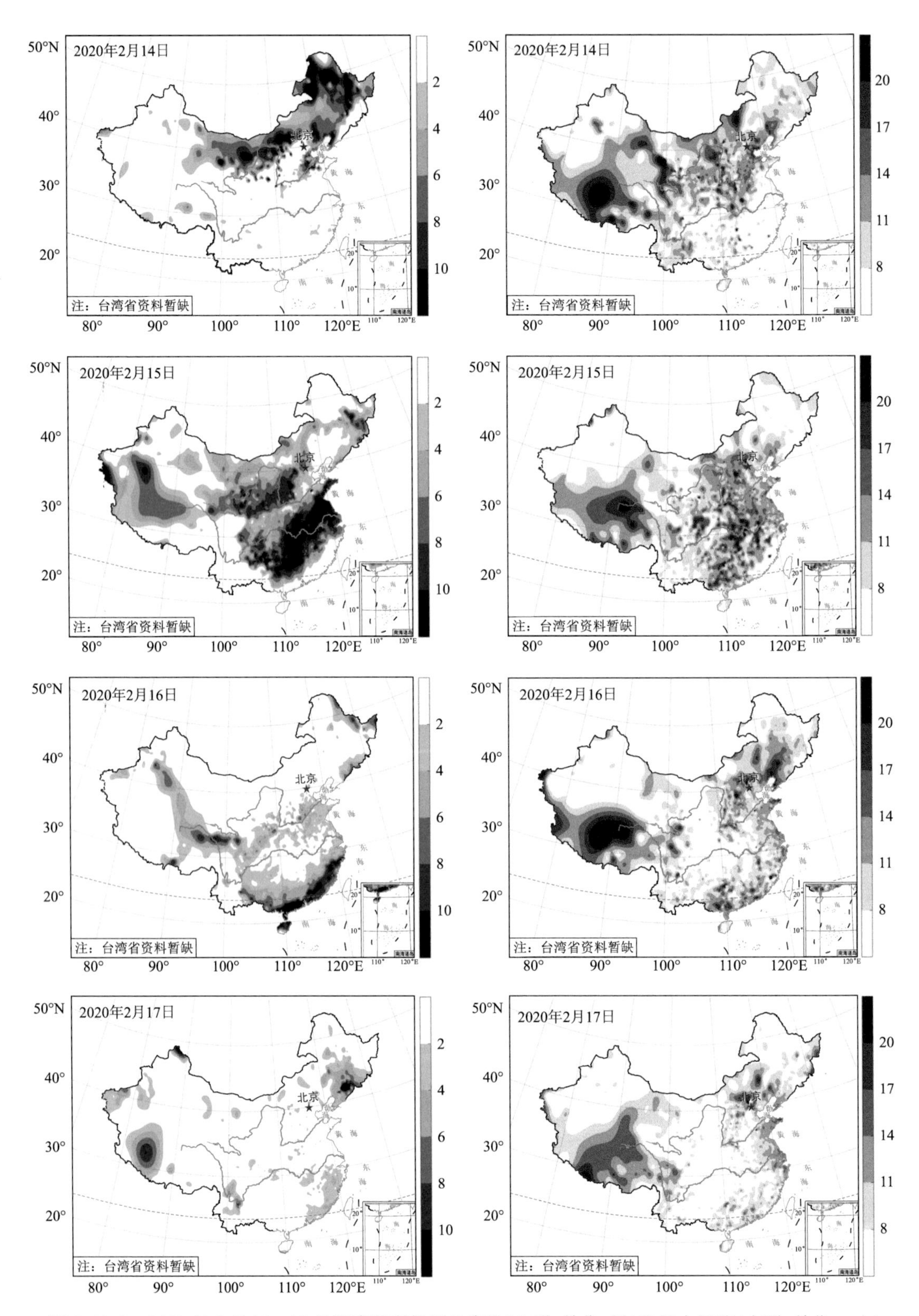

图 2.31.2　2020 年 2 月 14—17 日强降温事件逐日降温(左列,单位:℃)和极大风速(右列,单位:m/s)

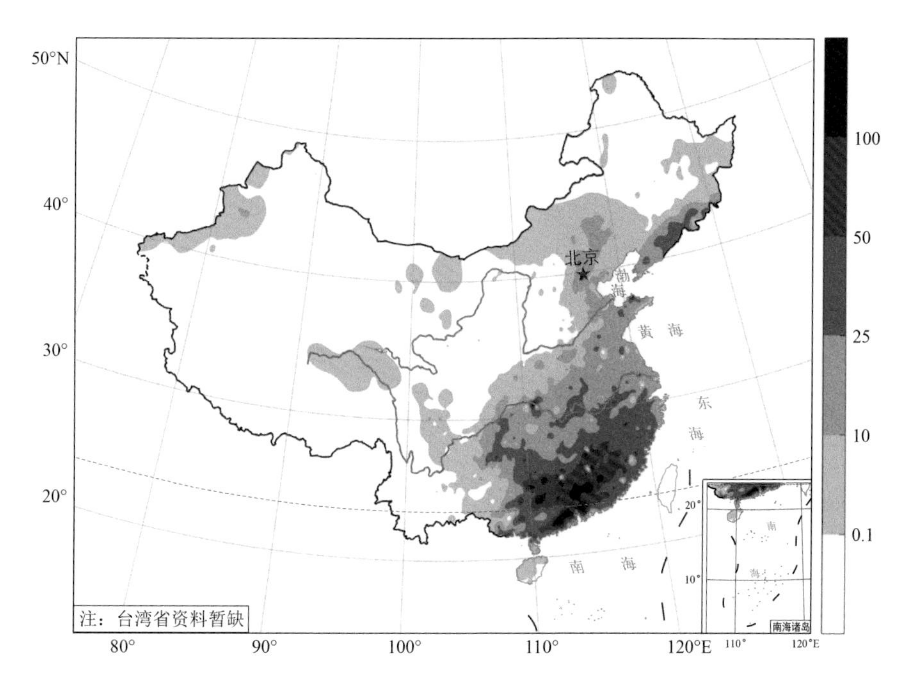

图 2.31.3 2020 年 2 月 14—17 日强降温事件过程累计降水量(单位:mm)

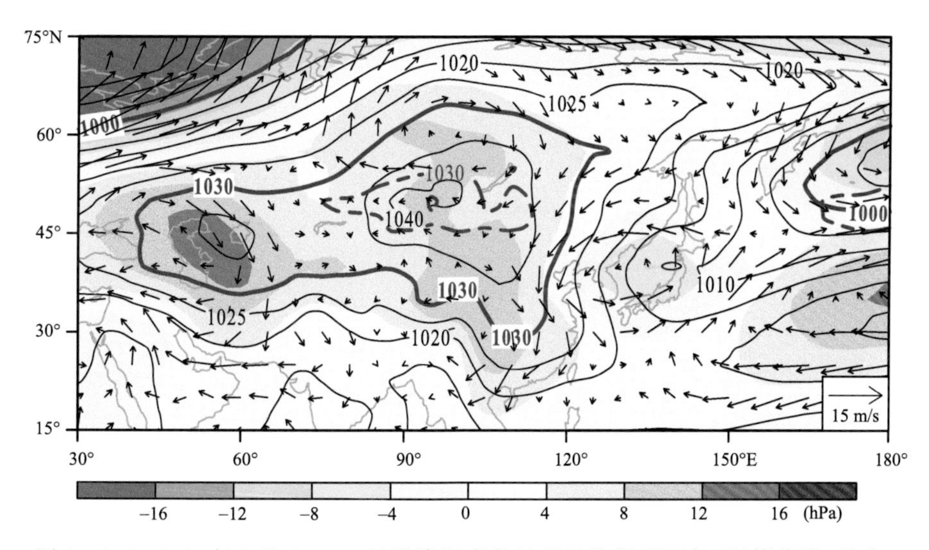

图 2.31.4 2020 年 2 月 14—17 日强降温事件过程平均海平面气压(等值线,单位:hPa)和距平(阴影,单位:hPa)及 850 hPa 水平风场距平(箭头,单位:m/s)。图中粗等值线分别对应 1000 hPa 和 1030 hPa 海平面气压值。实线为本次过程,虚线为气候态

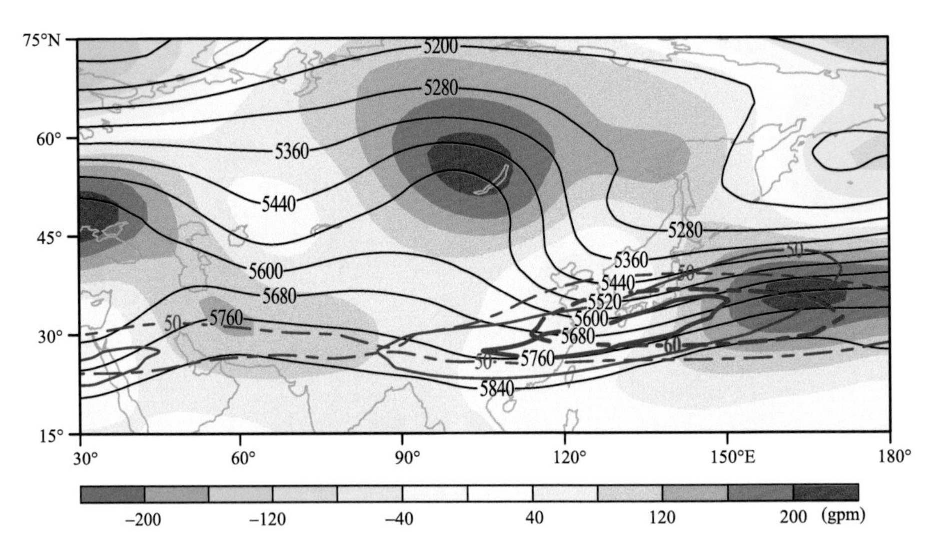

图 2.31.5 2020 年 2 月 14—17 日强降温事件过程平均 500 hPa 位势高度(黑色细等值线,单位:gpm)和位势高度距平(阴影,单位:gpm)及 200 hPa 纬向风速(蓝色粗等值线,仅给出 50 m/s 和 60 m/s 纬向风速)。实线为本次过程,虚线为气候态

事件 32　2020 年 12 月 28—31 日极端强降温过程

2020 年 12 月，全国平均气温为－3.86 ℃，较常年同期偏低 0.88 ℃。月平均气温距平低于－2 ℃的区域主要位于新疆北部、内蒙古中西部、西北地区北部、华北北部及贵州等地，其中新疆北部和内蒙古中部偏低 4 ℃以上(图略)。

12 月 28—31 日的寒潮过程造成新疆北部、内蒙古中部和西部、东北地区东南部、西北地区东部、华北、黄淮、江淮、江汉、江南和华南大部普遍降温 8 ℃以上，其中东北地区东南部和江南西部部分测站降温在 20 ℃以上。湖南衡山过程最大降温达 26.2 ℃，为本次过程全国之最(图 2.32.1)。单日最大降温也发生在该站，12 月 30 日单日降温为 19.2 ℃(图 2.32.2)。根据国家气候中心监测，强降温期间西北地区东部、华北、黄淮、江淮、江汉、江南、华南及内蒙古中东部、辽宁等地出现 6～9 级阵风，浙江沿海 10～12 级，部分地区风寒效应明显。江淮和江南等地累计降水量有 10～25 mm。安徽、江苏中北部等地积雪深度有 3～6 cm，其中江苏北部 7～9 cm(图 2.32.3)。

海平面气压场上，本次过程 120°E 以西均为正距平，1030 hPa 等值线向北伸展可超过 80°N，为历史最北位置。西伯利亚高压极为强大，其中 28 日标准化值超过 4.4。同时阿留申低压也较常年明显加深，中心距平值小于－20 hPa。这也造成西伯利亚高压东界几乎沿经圈平行，非常有利于极区冷空气南下。500 hPa 环流也表现出类似的特征，整个欧亚地区表现为极强的高压脊，这一高压脊可伸展至北极点附近，而在北太平洋及以北地区为很强的低涡系统，并向西南方向伸展至高压脊南部，加大了环流的经向度(图 2.32.4 和图 2.32.5)。

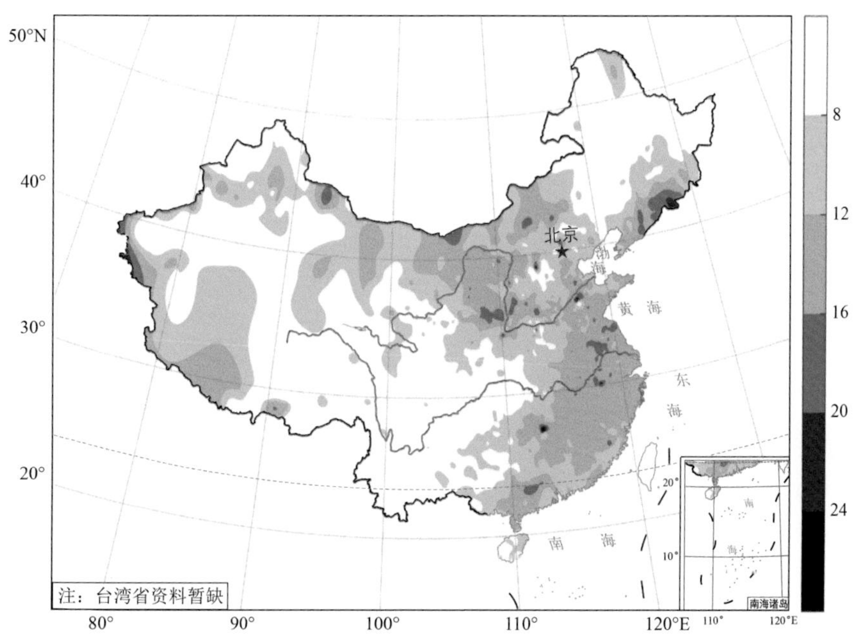

图 2.32.1　2020 年 12 月 28—31 日强降温事件过程最大降温(单位：℃)

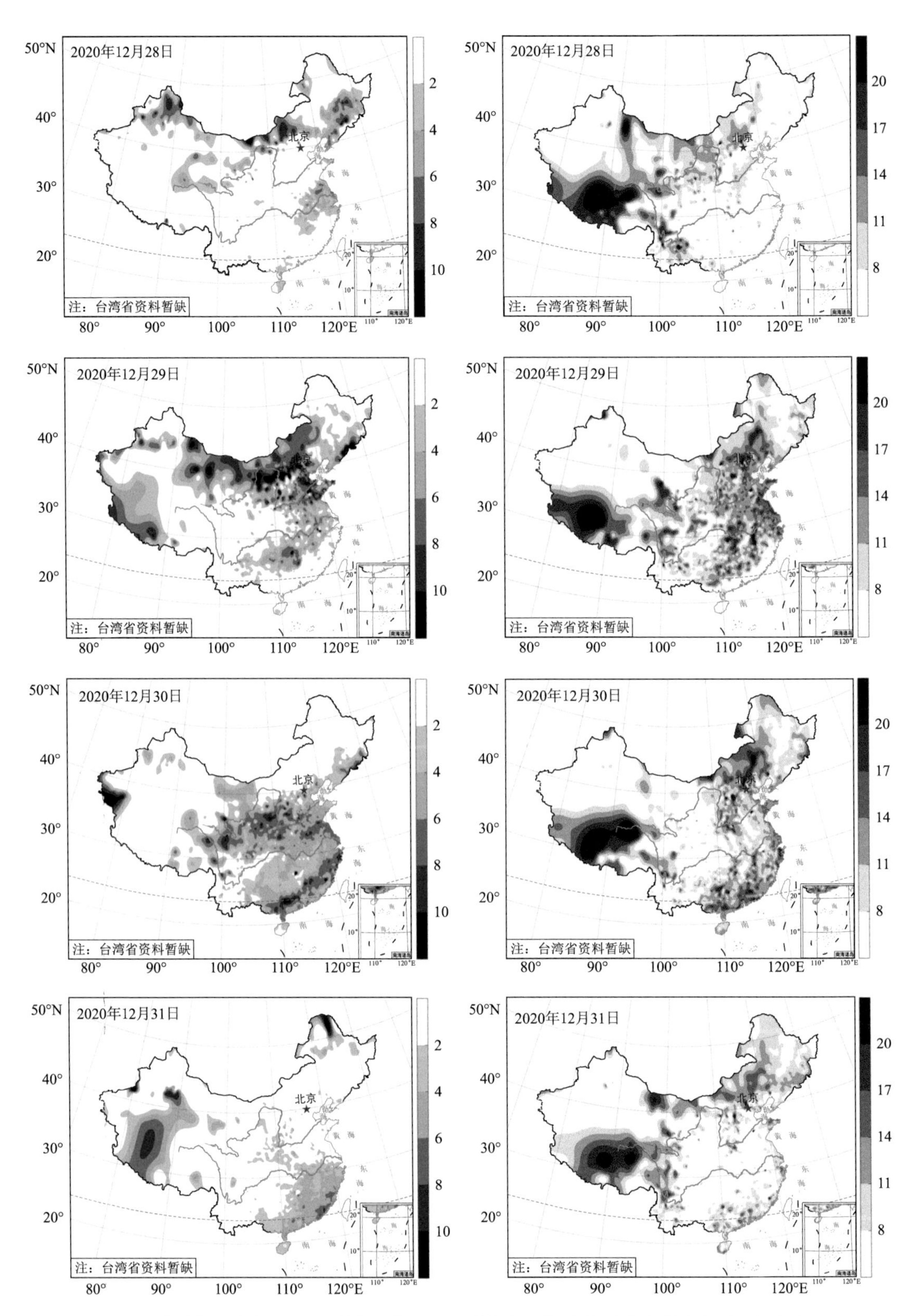

图 2.32.2 2020 年 12 月 28—31 日强降温事件逐日降温(左列,单位:℃)和极大风速(右列,单位:m/s)

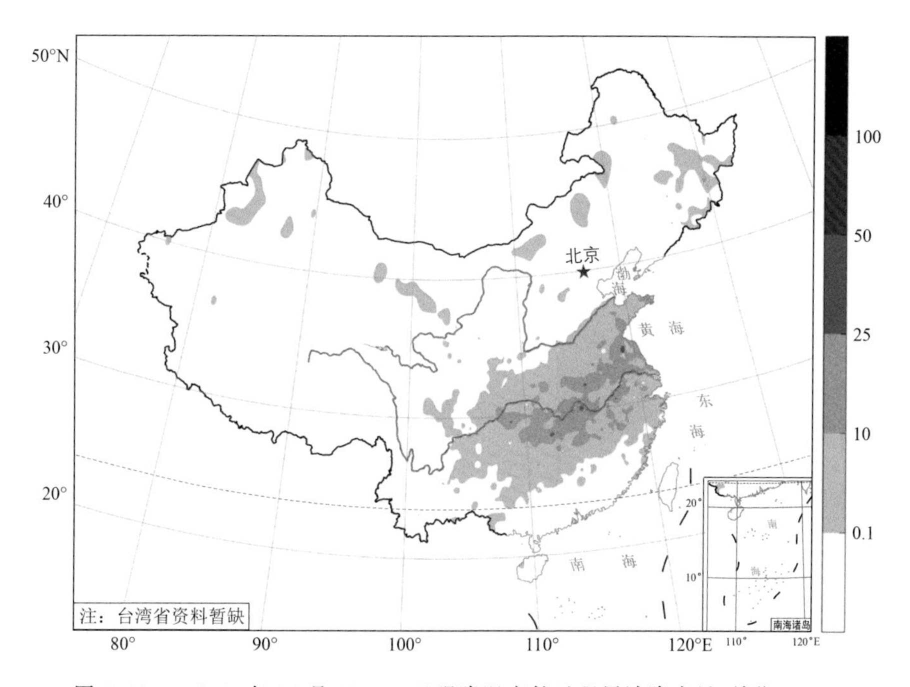

图 2.32.3　2020 年 12 月 28—31 日强降温事件过程累计降水量(单位:mm)

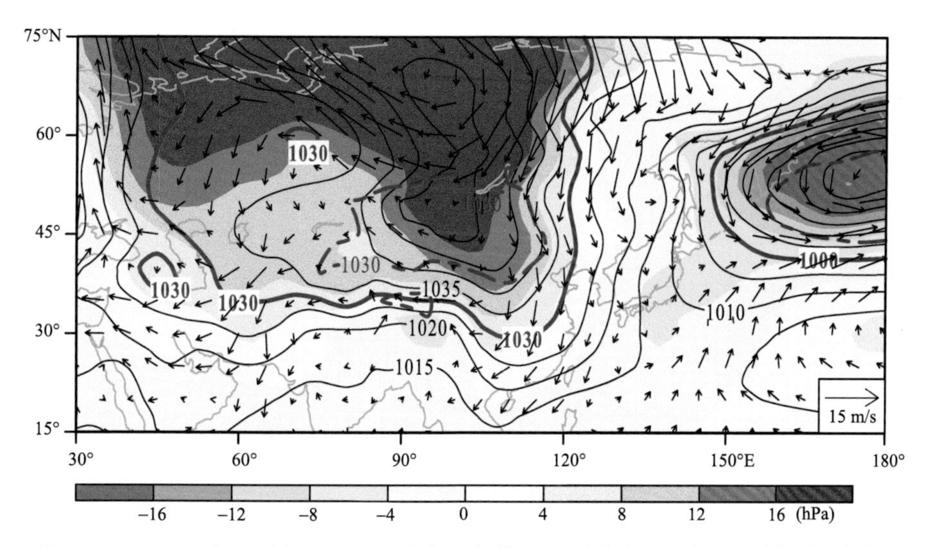

图 2.32.4　2020 年 12 月 28—31 日强降温事件过程平均海平面气压(等值线,单位:hPa)和距平(阴影,单位:hPa)及 850 hPa 水平风场距平(箭头,单位:m/s)。图中粗等值线分别对应 1000 hPa 和 1030 hPa 海平面气压值。实线为本次过程,虚线为气候态

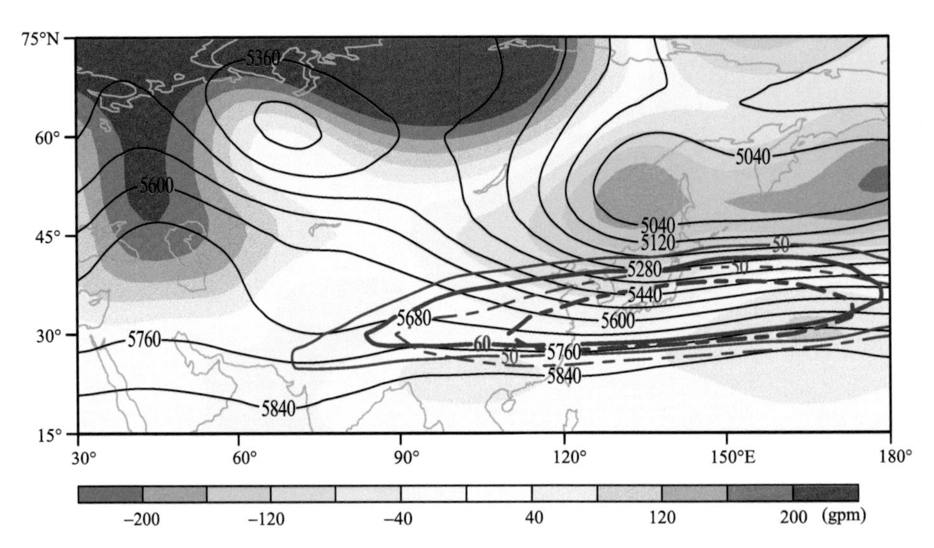

图 2.32.5　2020 年 12 月 28—31 日强降温事件过程平均 500 hPa 位势高度(黑色细等值线,单位:gpm)和位势高度距平(阴影,单位:gpm)及 200 hPa 纬向风速(蓝色粗等值线,仅给出 50 m/s 和 60 m/s 纬向风速)。实线为本次过程,虚线为气候态

事件 33　2021 年 1 月 6—8 日极端强降温过程

2021 年 1 月，全国平均气温为－4.51 ℃，较常年同期偏高 0.31 ℃。月平均气温距平小于－2 ℃的地区主要位于内蒙古中东部和黑龙江北部（图略）。

1 月 6—8 日的强降温过程中西北地区中东部、华北南部、黄淮、江淮、江南北部、华南中东部及西南地区北部降温 8 ℃以上，其中青海东南部、黄淮东部、江南东北部降温在12 ℃以上。青海清水河过程最大降温达 19 ℃，为本次过程全国之最（图 2.33.1）。单日最大降温也发生在该站，1 月 6 日单日降温为 11.1 ℃（图 2.33.2）。由于和前一次强降温过程（事件 32）间隔不足一周，前期基础气温偏低，因此本次过程的降温幅度不如前一次，但无论是气温负距平还是最低气温值均超过上次。根据国家气候中心监测，北京、河北、山东、山西等省（市）50 余个气象观测站的最低气温突破或达到建站以来历史极值。北京大部分地区最低气温在－24～－18 ℃，南郊观象台最低气温达－19.6 ℃，为 1951 年以来第 3 低。本次强降温另一特点是大风风力强且持续时间长。内蒙古中东部、东北地区南部、华北大部、黄淮、江淮等地部分地区出现 6～8 级阵风，局地 9～10 级。华北、山东及东部沿海地区 6 级以上大风持续时间多为 12～25 h，内蒙古中部、河北西北部、北京中西部、山西中部、山东沿海、浙江沿海等地持续时间长达 30～50 h。强降温期间，山东半岛和辽东半岛出现强降雪天气（图 2.33.3）。贵州中南部、湖南东南部、福建西部出现冻雨（徐冉 等，2021）。

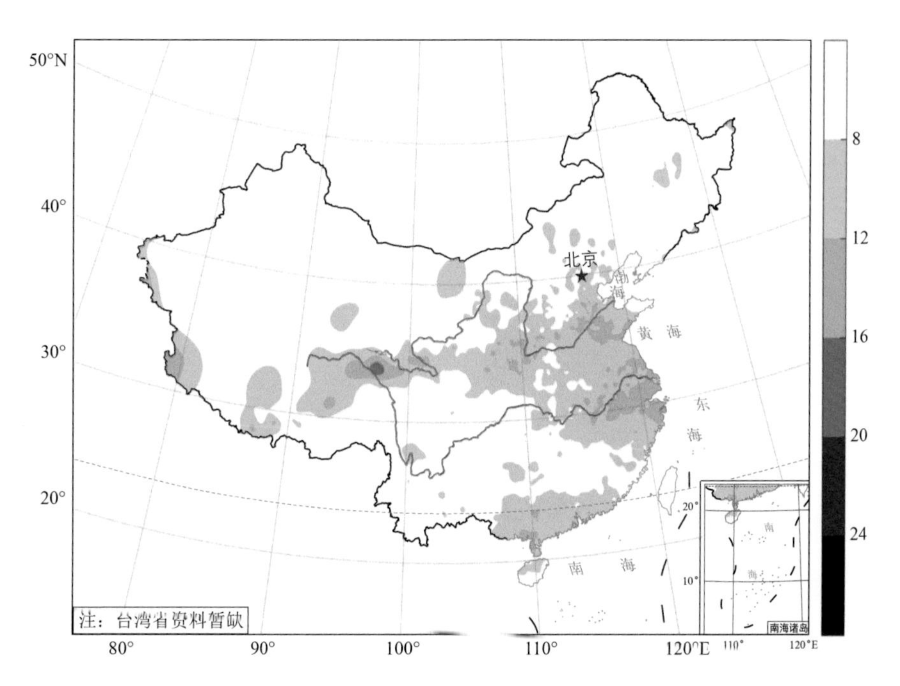

图 2.33.1　2021 年 1 月 6—8 日强降温事件过程最大降温（单位：℃）

和前一次事件相比，欧亚地区海平面气压场分布较为相似，中高纬内陆地区均为一致的正距平，西伯利亚高压强度虽弱于前次过程，但强度依旧很强，标准化值持续多日超过 2.0，且高压东界近似与经圈平行。高压北界位置虽较前一次偏南，但 1030 hPa 等值线仍接近 70°N。相比之下，阿留申低压强度弱于前次过程。500 hPa 环流型也和前一次过程相似，欧亚地区为极强高压脊，北太平洋及以北地区为很强的低涡系统，日本海附近为位势高度负距平中心，中心值小于－200 gpm，环流经向度大(图 2.33.4 和图 2.33.5)。

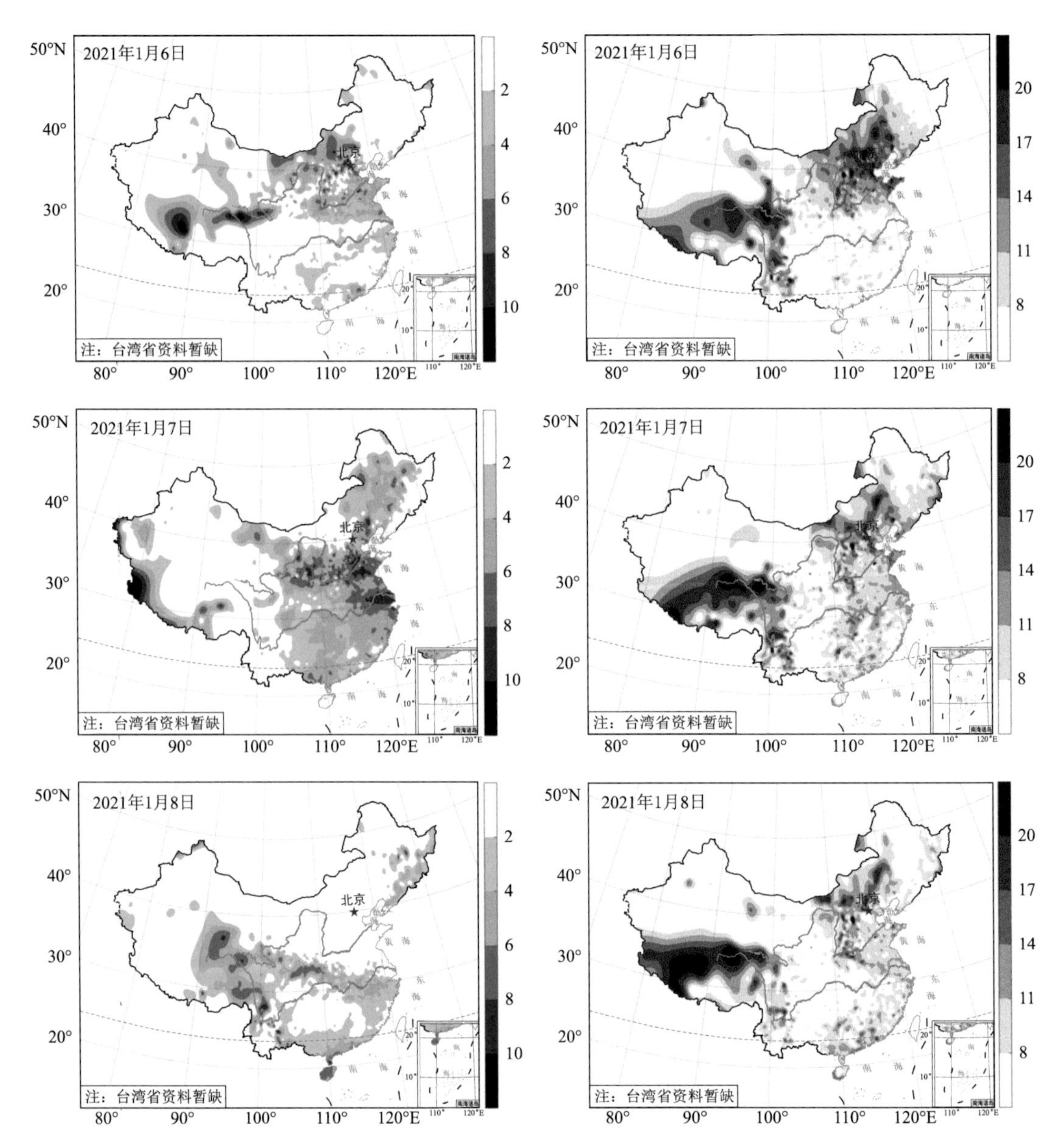

图 2.33.2　2021 年 1 月 6—8 日强降温事件逐日降温(左列，单位：℃)和极大风速(右列，单位：m/s)

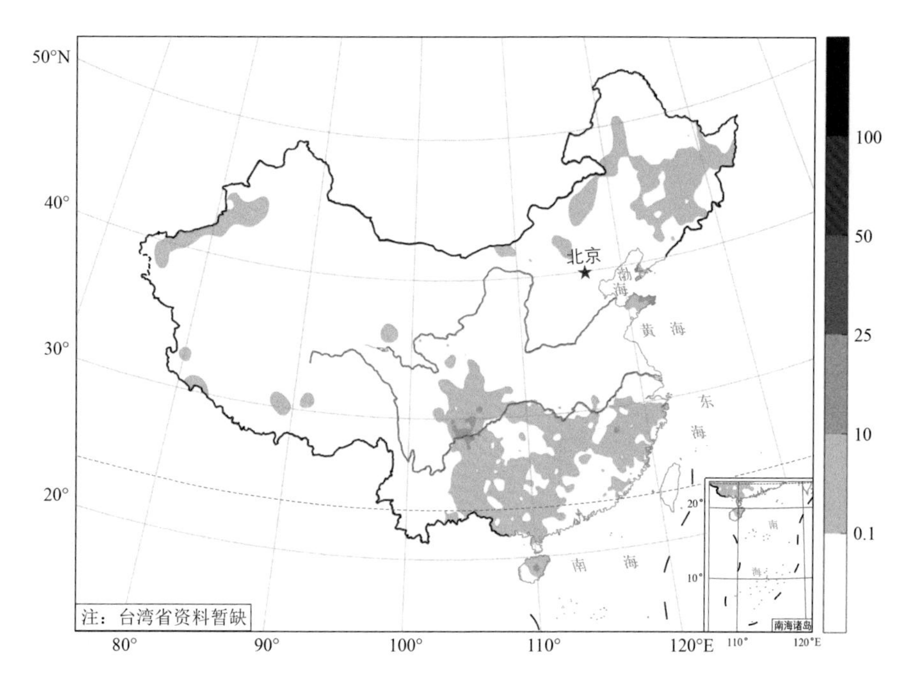

图 2.33.3　2021 年 1 月 6—8 日强降温事件过程累计降水量(单位:mm)

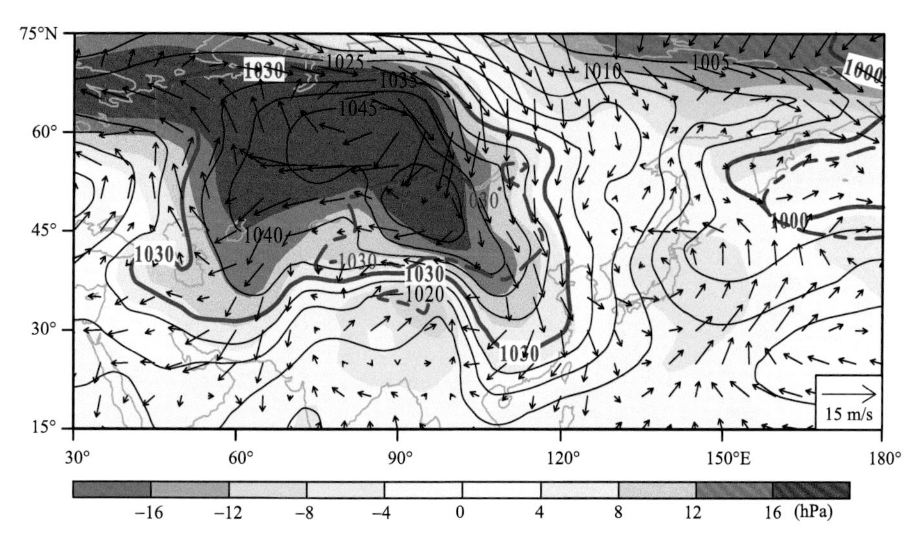

图 2.33.4　2021 年 1 月 6—8 日强降温事件过程平均海平面气压(等值线,单位:hPa)和距平(阴影,单位:hPa)及 850 hPa 水平风场距平(箭头,单位:m/s)。图中粗等值线分别对应 1000 hPa 和 1030 hPa 海平面气压值。实线为本次过程,虚线为气候态

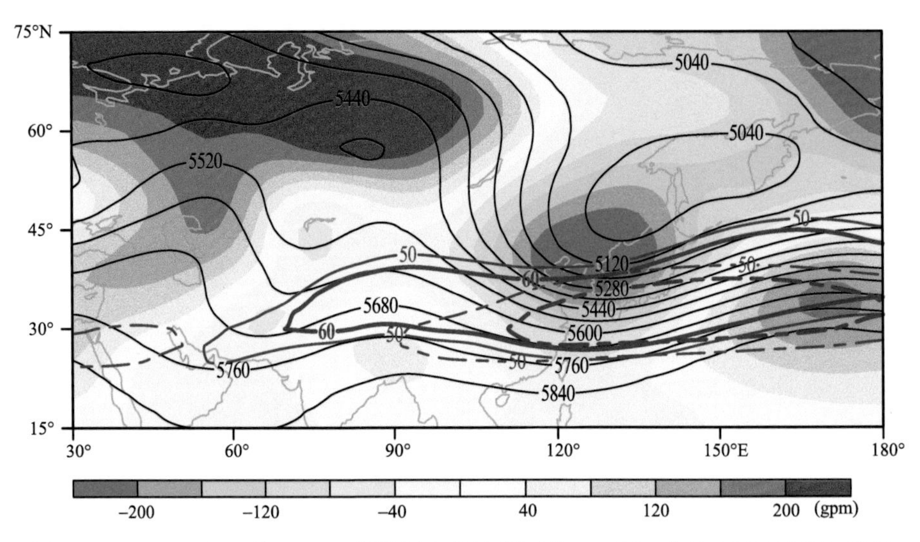

图 2.33.5 2021年1月6—8日强降温事件过程平均 500 hPa 位势高度(黑色细等值线,单位:gpm)和位势高度距平(阴影,单位:gpm)及 200 hPa 纬向风速(蓝色粗等值线,仅给出 50 m/s 和 60 m/s 纬向风速)。实线为本次过程,虚线为气候态

参考文献

安林昌,张芳华,2013. 2013 年 2 月大气环流和天气分析[J]. 气象,39(5):659-664.

曹爽,何立富,沈晓琳,等,2020. 2020 年 2 月大气环流和天气分析[J]. 气象,46(5):725-732.

全国气候与气候变化标准化技术委员会,2017a. 冷空气过程监测指标:QX/T 393—2017[S]. 北京:气象出版社.

全国气候与气候变化标准化技术委员会,2017b. 极端低温和降温监测指标:GB/T 34293—2017[S]. 北京:中国标准出版社.

全国气象防灾减灾标准化技术委员会,2017a. 冷空气等级:GB/T 20484—2017[S]. 北京:中国标准出版社.

全国气象防灾减灾标准化技术委员会,2017b. 寒潮等级:GB/T 21987—2017[S]. 北京:中国标准出版社.

饶晓琴,马学款,黄威,2015. 2014 年 12 月大气环流和天气分析[J]. 气象,41(3):380-387.

徐冉,江琪,桂海林,2021. 2021 年 1 月大气环流和天气分析[J]. 气象,47(4):510-516.

张芳华,2003. 全国大部地区气温偏高　淮河长江流域降水偏多——2003 年 2 月[J]. 气象,29(5):58-61.

张恒德,黄威,2011. 2010 年 12 月大气环流和天气分析[J]. 气象,37(3):363-368.

张明,2002. 全国大部气温偏高　南方地区持续阴雨——2002 年 1 月[J]. 气象,28(4):58-61.

赵瑞,2006. 北方大部降水偏多　全国大部气温偏高——2006 年 1 月[J]. 气象,32(4):121-125.

郑国光,矫梅燕,丁一汇,等,2019. 中国气候[M]. 北京:气象出版社:318.

DING T,GAO H,YUAN Y,2020. The dominant invading paths of extreme cold surges and the invasion probabilities in China[J]. Atmos Sci Lett,21:1-8. https://doi.org/10.1002/asl2.982.